Vue.js 3.0
源码解析

微课视频版

张廷杭　仲宝才　姚鑫◎编著

清華大学出版社
北京

内容简介

本书围绕Vue3框架源码展开，由浅入深，帮助读者从不同角度深入学习Vue3。全书共10章，其中第1～3章从整体逻辑角度介绍Vue3的实现过程；第4～7章从细节角度介绍Vue3的虚拟DOM、响应式API、生命周期和模板编译的实现逻辑；第8～10章从使用角度入手，介绍常用组件和API实现原理、整体架构和项目实战中的实现。

为便于读者高效学习，快速掌握Vue3源码框架原理，本书作者精心制作了完整的微课视频、源代码等内容。

本书适合作为计算机相关专业的教辅书，也可以作为前端开发者的自学参考书。

图书在版编目（CIP）数据

Vue.js 3.0源码解析：微课视频版/张廷杭，仲宝才，姚鑫编著.—北京：清华大学出版社，2023.4
（计算机科学与技术丛书）
新形态教材
ISBN 978-7-302-63008-1

Ⅰ.①V…　Ⅱ.①张…　②仲…　③姚…　Ⅲ.①网页制作工具－程序设计－教材　Ⅳ.①TP393.092.2

中国国家版本馆CIP数据核字（2023）第040070号

责任编辑：曾　珊　李　晔
封面设计：李召霞
责任校对：申晓焕
责任印制：丛怀宇

出版发行：清华大学出版社
网　　址：http://www.tup.com.cn，http://www.wqbook.com
地　　址：北京清华大学学研大厦A座　　**邮　　编**：100084
社 总 机：010-83470000　　**邮　　购**：010-62786544
投稿与读者服务：010-62776969，c-service@tup.tsinghua.edu.cn
质量反馈：010-62772015，zhiliang@tup.tsinghua.edu.cn
课件下载：http://www.tup.com.cn，010-83470236
印 装 者：三河市铭诚印务有限公司
经　　销：全国新华书店
开　　本：185mm×260mm　　**印　　张**：14.5　　**字　　数**：384千字
版　　次：2023年6月第1版　　**印　　次**：2023年6月第1次印刷
印　　数：1～1500
定　　价：59.00元

产品编号：097169-01

前言

PREFACE

随着前端生态的快速发展，近年来 Angular、Vue、React 等 JavaScript 框架不断涌现，让前端开发从传统的 HTML+CSS+JavaScript 开发发展为基于框架的开发。在众多优秀的框架中，Vue 是一套用于构建用户界面的渐进式框架。与其他大型框架不同的是，Vue 被设计为可以自底向上逐层应用。

Vue3 是 Vue 的 3.x 版本，是在 Vue2 的基础上迭代出来的大版本，它对整个 Vue 库进行了重写和升级。Vue3 的变化主要体现在渲染速度的提升、引用方式的改变和代理逻辑的更新。从使用上看，Vue3 兼容 Vue2 的写法，开发者能够在很短时间内将 Vue2 升级到 Vue3。随着 Vue3 的逐渐流行，市面上出现很多 Vue3 相关书籍，这类书籍大部分围绕如何以 Vue3 作为开发框架实现项目展开，对 Vue3 的底层实现和运行原理较少介绍。基于此，我们编写了本书。

本书以实现简单框架为案例，由浅入深介绍 Vue3 中的各个模块及其实现细节，帮助开发者从源码角度学习并理解 Vue3 中各组件和 API 的实现逻辑。本书可以帮助开发者在使用框架的同时了解内部原理，让开发者知其然也知其所以然。

本书围绕 Vue3 框架源码展开，由浅入深，帮助读者从不同角度深入学习 Vue3。全书共 10 章，其中第 1～3 章从整体逻辑角度介绍 Vue3 的实现过程；第 4～7 章从细节角度介绍 Vue3 的虚拟 DOM、响应式 API、生命周期和模板编译的实现逻辑；第 8～10 章从使用角度入手，介绍常用组件和 API 实现原理、整体架构和项目实战中的实现。

为便于读者高效学习，快速掌握 Vue3 源码框架原理，本书作者精心制作了完整的微课视频和完整的源代码，并提供在线答疑服务。

本书适合作为计算机相关专业的教辅书，也可以作为前端开发者的自学参考书。

配套案例

本书由张廷杭、仲宝才、姚鑫编著。其中，第 1、2 章由姚鑫编写，第 3～6 章由张廷杭编写，第 7～10 章由仲宝才编写。姚鑫负责配套系统的设计工作，张廷杭负责配套系统的开发工作，仲宝才负责全文的审校工作。

由于时间仓促、编者水平有限，书中难免存在疏漏与不妥之处，恳请广大读者批评指正。

编　者

2023 年 3 月

学习建议

本书偏向于 Vue3 的源码实现，刚接触 Vue 框架的读者在阅读时可能会感到有些困难，但是阅读框架源码本质上也是学习框架使用的一部分，因此希望读者能够坚持读完。对 Vue3 工作原理的学习和理解，对于日常开发会有很大帮助。

本书以 Vue 源码 3.2.26 版本作为示例，由浅入深展开介绍。在阅读本书的同时，可以跟随书中的代码同步调试以帮助理解。在阅读过程中，对于暂时无法理解的内容可以先跳过，从整体运行的角度进行理解。不必细抠细节内容，建立从框架的整体运行流程到细节实现的结构化思维，有助于理解源码的实现逻辑。

本书旨在提供一个阅读源码的思路，以便更好地理解源码，在这个过程中需要静下心仔细揣摩分析运行过程，在学习前端知识的同时，也将理论知识和实战使用相结合，以便更快地理解源码的含义。

若读者对核心原理内容感兴趣，可以先阅读第 1 章、第 2 章和第 9 章，这 3 章有助于理解 Vue3 的核心原理和优化。

若读者对框架实现细节感兴趣，可以按章节顺序阅读，以了解整体实现。

若读者对 Vue 框架使用感兴趣，可以阅读第 10 章，该章节的案例提供源码调试，可以学习 Vue3 在项目中的使用。

本书在每章的开始放置有配套的介绍视频，这些视频主要介绍相关部分的重点内容，建议先观看这些精心录制的视频后，再开始对应章节的学习。

微课视频清单

视频名称	时长
视频 1　初识 Vue3	4′18″
视频 2　Vue3 入门	4′21″
视频 3　Vue3 整体实现	4′24″
视频 4　虚拟 DOM	3′39″
视频 5　响应式 API	3′28″
视频 6　生命周期	4′1″
视频 7　模板编译	2′53″
视频 8　组件和 API 实现	4′1″
视频 9　整体架构	4′39″
视频 10　实战案例	4′39″

目录
CONTENTS

第1章 初识Vue3

CHAPTER 1

本章概述 Vue3 框架的特点与版本迭代情况，对其在架构、代理方式与 Virtual DOM 等方面的变化进行着重介绍。通过本章的学习，读者将了解目前 Vue3 在前端开发中使用的基本情况。

观看视频速览本章主要内容。

1.1 Vue3 简介

近年来，随着前端生态的快速发展，Angular、Vue、React 等 JavaScript 框架不断涌现，让前端从传统的 HTML + CSS + JavaScript 开发发展为基于框架的开发，Vue 就是众多 JavaScript 框架中十分优秀的一款框架。

Vue (读音/vjuː/，类似于 view)是一款用于构建用户界面的渐进式框架。与其他大型框架不同的是，Vue 可以自底向上逐层应用。Vue 的核心库只关注视图层，不仅易于上手，还方便与第三方库或已有项目整合。另一方面，当与现代化的工具链以及各种支持类库结合使用时，Vue 也完全能够为复杂的单页应用提供驱动。

Vue3 是 Vue 的 3. x 版本，是在 Vue2 的基础上迭代出来的大版本，它对整个 Vue 库进行了重写和升级。与 Vue2 相比，虽然 Vue3 的核心逻辑变化不大，但是针对包架构进行了升级，由原来的 options API 挂载原型的方式变为 composition API 方式，从而实现各核心库的解耦，使得 Vue3 的内部核心模块可以按需加载。

1.2 Vue3 的变化

Vue3 的变化主要体现在渲染速度的提升、引用方式的改变和代理逻辑的更新。从使用上看，Vue3 兼容 Vue2 的写法，开发者能够在很短时间内将 Vue2 升级到 Vue3。

根据主要优化点，可以将 Vue3 的变化划分为架构变化、代理方式变化和 Virtual DOM 优化。

1.2.1 架构变化

Vue3 采用 monorepo 来管理项目，内部源码分为 reactivity(响应式)系统、runtime(运行时)系统和 complier(编译器)系统三大模块，runtime(运行时)系统和 complier(编译器)系统模块又分平台 API 和核心 API，源码结构如图 1.1 所示。

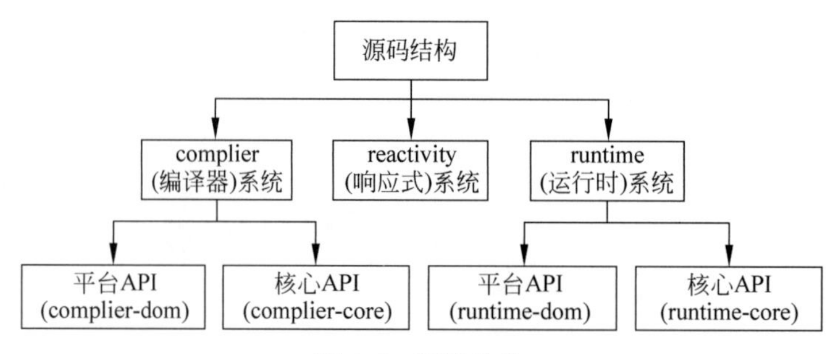

图 1.1 源码结构

在使用过程中可以快速地在多平台引入 Vue3，涉及平台专属 API 时不用修改源码，可自己实现平台 API，与核心库相配合形成新的框架，从而使 Vue3 的使用更广泛。

注：monorepo 是指在版本控制系统中的单个代码库，它包含许多项目，这些项目独立存在，可以由不同的团队维护。

Vue3 采用 composition API 挂载原型的方式，相比 Vue2 采用的 options API 方式更便于核心库解耦，更便于引用。

options API：通过预设选项的方式进行使用。在 Vue2 中，页面内的功能需要写在预设好的选项内。例如，data 对象内定义了响应式数据，methods 对象内定义了页面方法等。这种在特定位置做特定事情的约定，称为 options API(选项式 API)。

composition API：可以根据逻辑功能组织代码，将同一个功能相关的 API 放在一起，通过函数的方式进行暴露和使用，一定程度上可不受位置的影响，称为 composition API(组合式 API)。

composition API 更加灵活，但也更加考验使用者的代码组织能力，关于 composition API 的使用风格将在第 10 章实战案例中呈现。

1.2.2 代理方式变化

Vue3 通过 Proxy 对象代理数据源的方式实现响应式 API。相较于 Vue2 使用的 Object.defineProperty，Proxy 对象是一个真正的对原对象的代理（Object.defineProperty 属于 hack 方式使用），通过 Proxy 对象实现数据响应能够带来更好的性能提升。

在 Vue2 中初始化数据时，需递归遍历 data 对象中的所有层级数据，再逐个设置每个 data 对象中数据的 setter 和 getter。Vue3 采用的 Proxy 默认为浅代理，在初始化响应式数据时，不进行深层次代理，将递归代理深层次属性的过程放在 getter 阶段，从而带来更好的性能提升。

在 Vue2 中响应式数据有一些问题：不能检测对象属性的添加或者删除；通过索引修改数组值或数组长度不触发响应式更新，必须使用 vue.$set 方法手动设置。这些问题是因为使用 Object.defineProperty 代理造成的，在 Vue3 中使用 Proxy 代理后，上述问题都已解决。

1.2.3 Virtual DOM 变化

Vue3 对 Virtual DOM 进行重构，在 diff 过程中采用新的优化策略：将优化提前到编译阶段，通过 patchFlag 等标识，为运行阶段提供更多有效信息；新增 block 概念，以最小静态块提取动态内容，达到点对点直接对比，避免不必要的遍历。这些针对细节的优化，能够减少 diff 阶段消耗的时间和空间，带来更好的性能提升。

1.3 Vue3 结构

Vue3 通过 monorepo 来管理项目，将核心库进行分离。整个 Vue3 工程通过 TypeScript 编写，工程目录和 packages 目录分别如图 1.2 和图 1.3 所示。

图 1.2 工程目录

图 1.3 packages 目录

Vue3 的全部核心代码都在 packages 目录内。该目录内每个文件都是单独的系统，涉及 compiler(编译器)系统、reactivity(响应式)系统和 runtime(运行时)系统。packages 目录下的文件作用如表 1.1 所示。

表 1.1 packages 目录下的文件作用

文件名	作用
compiler-core	模板编译的核心模块
compiler-dom	模板编译的 DOM 平台
compiler-sfc	模板编译 sfc 单文件组件
compiler-ssr	模板编译 ssr 服务器端渲染
reactivity	响应式系统内容
reactivity-transform	响应式数据转换
runtime-core	运行时核心模块
runtime-dom	运行时 DOM 平台
runtime-test	运行时测试用例
server-renderer	服务器端渲染
sfc-playground	sfc 实时编辑
shared	公共方法实现
size-check	简单的一个应用，用来测试代码体积
template-explorer	内部使用的编译文件浏览工具
vue	Vue 入口函数
vue-compat	Vue 打包兼容文件

注：reactivity-transform 是一个实验性功能，用于解决响应式数据显式指定.value 的问题，用于省略.value 的转换方法。

后续源码介绍内容将会围绕 packages 目录下的文件展开，通过对 Vue3 运行原理的解析，帮助读者理解核心源码的实现。

第2章 Vue3入门

CHAPTER 2

本章首先对 Vue3 核心 demo 进行分析，再来查看 Vue3 源码的实现，帮助读者以模块化思维理解整个 Vue3 源码。对于 demo 的分析将围绕响应式数据等内容展开，省略 template 模板转换为 VNode 的步骤。模板渲染将会在第 7 章介绍。

观看视频速览本章主要内容。

本章节涉及组件的挂载和更新核心逻辑，如图 2.1 所示。

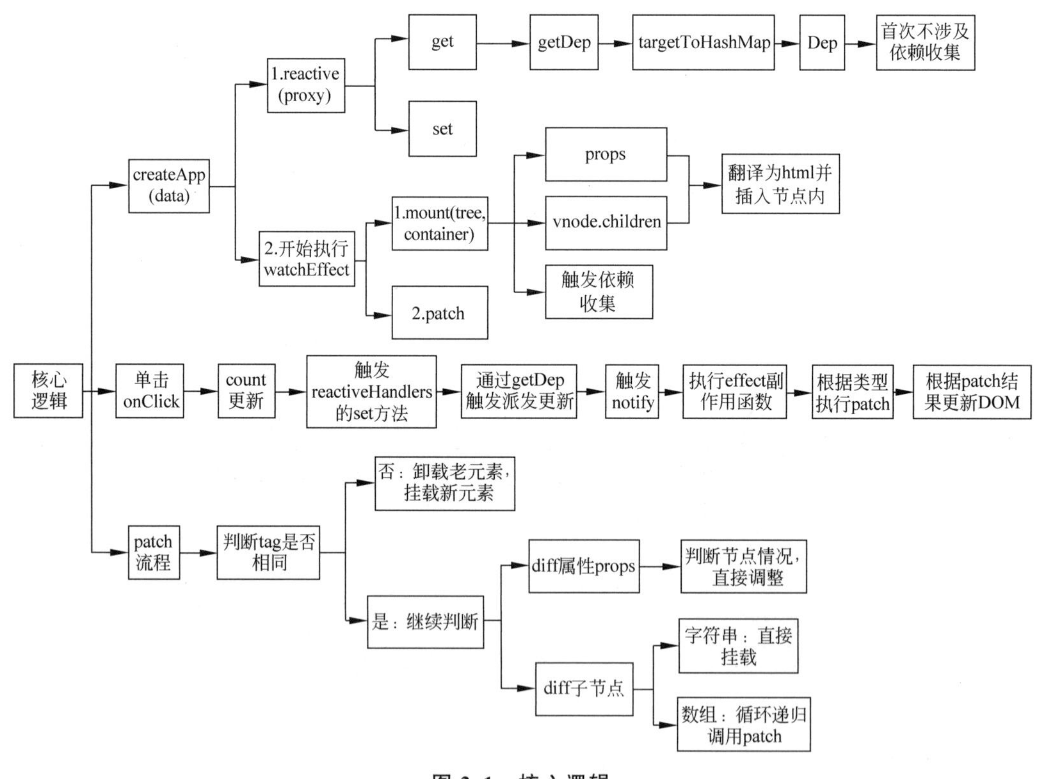

图 2.1　核心逻辑

2.1　createApp()函数

createApp()函数为 Vue3 的入口函数，在引入框架后，系统会直接调用该函数。它需传入两个参数：第一个参数为 Component（组件），第二个参数为需绑定的根节点。Component 实现内容如下：

```
const Component = {
  data() {
    return {
      count: 0
    }
  },
  render() {
    return {
      'div',
      {
        onClick: () => {
          this.count++
        }
      },
      String(this.count)
    }
  }
}
```

在 Component 组件中有两种方法：data()和 render()，在 data()方法内声明响应式数据，在 render()方法内返回待渲染为真实 DOM 结构的 VNode，包含 div 标签、onClick()方法和 this.count 值。data()内的 count 为响应式数据，当单击 div 后，count 加 1，实现数据的自动增加。该 VNode 对应的 template 写法如下：

```
<div onClick = '() => { this.count++ }'>{{ this.count }}</div>
```

createApp()函数内部将 data()内的数据转换为响应式数据，通过监听数据变化，执行 DOM 操作，实现数据驱动 DOM 的目的。在挂载过程中，需声明一个根节点作为组件挂载的锚点，挂载渲染完成的组件。

```
// 此处直接绑定 id 为 app 的 div 节点作为挂载的根节点
createApp(Component, document.getElementById('app'))
```

createApp()函数内部需要实现以下步骤：

（1）将数据处理为响应式数据；

（2）执行渲染函数；

（3）完成 DOM 元素渲染。

根据上述步骤查看 createApp()函数的内部实现，具体代码如下：

```
function createApp(Component, container) {
  // 完成响应式数据的处理后，在运行时调用，此处放到对应的内存中
  const state = reactive(Component.data())
  let isMount = true
  let prevTree
  // 执行副作用函数
  watchEffect(() => {
    // 通过 call 将 component.render 的上下文 this 绑定到 state 上
    const tree = Component.render.call(state)
    if (isMount) {
      mount(tree, container)
      isMount = false
    } else {
      patch(prevTree, tree)
    }
```

```
    prevTree = tree
  })
}
```

由图 2.1 可知，该函数内部执行将对象转换为响应式数据的方法。通过 watchEffect()（effect 副作用函数）保存待执行的函数，最后通过 mount()函数将 VNode 转换为真实的 DOM 结构，并插入 id=app 的 div 根节点内。

注：函数副作用指函数内部与外部互动。所谓 effect 副作用函数，可以理解为函数被调用时，内部需要产生运算以外的其他结果，此时调用副作用函数执行预设好的回调钩子函数，触发一系列更新等操作来产生其他结果。

2.2 参数响应式

createApp()函数内通过 reactive()函数将对象转换为响应式内容。下面围绕 reactive 介绍 Vue3 内核心的响应式数据处理逻辑。

Vue3 通过 Proxy 对象实现响应式数据。采用代理的方式对目标对象进行拦截，进行一系列自定义操作，从而达到读取和修改目标对象，并触发对应钩子函数的目的。Proxy 对象涉及两个参数：target 和 handler。target 是被劫持的目标对象。handler 是用于声明代理 target 的指定行为的对象，它支持的拦截操作一共有 13 种，包括 getPrototypeOf、setPrototypeOf、isExtensible、preventExtensions、getOwnPropertyDescriptor、defineProperty、has、get、set、deleteProperty、ownKeys、apply 和 construct。其中，get 方法用于拦截对象属性的读取。set 方法用于拦截对象属性的设置，它返回一个布尔值，用于判断设置成功或失败。

与 Vue2 相比，除了代理方式不同以外，核心逻辑基本一致，读取属性值时收集依赖，设置属性值时更新派发，通过发布订阅者模式实现数据的响应式。

根据上述介绍可知，传入的 data 数据为一个对象，并且通过 Proxy 对象进行属性的拦截，因此 reactive()函数的代码实现如下：

```
function reactive(obj) {
  //{ count: 0 }
  return new Proxy(obj, reactiveHandlers)
}
```

obj 为传入的 data 对象，此时需代理的对象为{count:0}，拦截方法为 reactiveHandlers()，下面对该对象进行 set 和 get 拦截。

依赖收集和更新派发前，不能匿名收集对应的 effect 副作用函数，因为对象在派发更新的时候，无法知道与 effect 副作用函数的映射关系，所以在收集前需要通过一个队列将对象、属性和 effect 副作用函数进行映射。这样才能保证对象的属性更新时，能够准确定位 effect 副作用函数并执行。在这种情况下，reactiveHandlers()函数内部无论是 get 还是 set 均存在映射的逻辑。整个 get 和 set 的方法实现逻辑如下：

对于 get 方法，

(1) 进行依赖收集。

(2) 收集完成后返回需要的值。

对于 set 方法，

(1) 派发更新。

(2) 继续赋值操作。

针对 get 实现,如果有读取操作,则需要进行依赖收集。在 Vue3 中,依赖收集比较复杂,通过 obj-> key-> effect 的顺序建立依赖收集关系链,进而实现对象和 effect 副作用函数的关联关系。通过该关系既可以收集依赖,也可以对已收集的依赖进行缓存。

针对 set 实现,如果有修改操作,则需要触发 effect 副作用函数的执行。根据缓存的映射关系,调用 effect 副作用函数后再完成修改操作。

根据上述逻辑编写拦截函数,代码实现如下:

```
const reactiveHandlers = {
  get(target, key) {
    const value = getDep(target, key).value
    // 判断当前得到的数据是对象还是其他类型,如果是对象,则需要继续拆解
    if (value && typeof value === 'object') {
      return reactive(value)
    } else {
      // 完成递归后,返回对应的值
      return value
    }
  },
  set(target, key, value) {
    getDep(target, key).value = value
  }
}
```

上述代码使用 getDep()函数保存映射关系。通过 getDep()函数获取对象的 value 值,在对象值读取完成后,进一步判断对象值是否为对象,若为对象则需要继续调用 reactive 递归遍历进行依赖收集,保证所有的嵌套对象都能受到代理。

注:因为依赖收集放到 get 执行阶段,所以可以节省初始化时间。

getDep()函数处理依赖收集和派发更新,该函数内部实现逻辑如下:

```
// 通过 WeakMap 结构保存映射关系
const targetToHashMap = new WeakMap()
function getDep(target, key) {
  // 确认是否有该对象的代理
  let depMap = targetToHashMap.get(target)
  // 如果没有进行依赖收集
  if (!depMap) {
    depMap = new Map()
    targetToHashMap.set(target, depMap)
  }
  // 确认对应的 key 是否有依赖收集
  let dep = depMap.get(key)
  if (!dep) {
    // 如果没有,则进行依赖收集,存储结构如下:{new WeakMap( key1: new Dep(val), key2: new Dep
    // (val) )}
    dep = new Dep(target[key])
    depMap.set(key, dep)
  }
  return dep
}
```

上述代码通过全局变量 targetToHashMap 来保存映射关系,此处 targetToHashMap 的类型是 WeakMap,该类型是 ES6 新增的原生数据结构,关于 WeakMap 的具体特性不展开介绍,这里仅简单介绍 WeakMap 的用法。WeakMap 的 key 必须为 Object,并且提供 delete、 get、has 和 set 方法。该类型有一个特性,对应的 key 销毁后可直接释放内存,因此采用该类型作为缓存对象,缓存内容删除后立即释放内存。根据 WeakMap 的特点,选择 WeakMap 类型缓存映射关系,无须关心内存释放等问题。

前面已经介绍过,为了实现 target-> key-> effect 的映射关系,全局缓存空间已声明,再通过 get()方法判断 target 是否已缓存完成。若已完成,则直接跳过缓存 target 的步骤;若没有完成,则再定义一个 target 作为键,Map 类型对象作为值,用于缓存 dep 变量。截至该步骤,WeakMap 结构为{target: new Map()}。

注:Map 对象也是以键值对的格式进行存储,与 Object 最大的不同是,Map 的 key 可以是任何值。

此处选择 Map 结构作为键值对存储,也是考虑到 key 的变化,正好符合 Map 结构的特性。截至该步骤,Map 结构为{key: effect}。

此时需要建立 target 和 key 之间的关系,此处先判断 target 的 new Map()内是否有 key 的缓存,若没有则保存 key,对应的值为 effect 副作用函数,进行该步操作后,结构为{target1: {key1: effect1}},通过两层键值对映射,建立起 target-> key-> effect 之间的关联关系。

effect 副作用函数的内容在该函数内未体现,而是通过 dep 实例实现,该实例通过 Dep 类定义 get 和 set 方法,涉及 get 依赖收集和 set 派发更新方法,effect 副作用函数的映射也在该 Dep 类内完成。下面查看该类实现逻辑:

```
let activeEffect
class Dep {
  subscribers = new Set()
  constructor(value) {
    this._value = value
  }
  get value() {
    // 进行依赖收集
    this.depend()
    // 完成依赖收集后再返回对应的值
    return this._value
  }
   set value(value) {
    this._value = value
    // 派发更新
    this.notify()
  }
  depend() {
    // 依赖收集,将全局的 activeEffect 方法进行保存,以便后续执行
    if (activeEffect) {
      this.subscribers.add(activeEffect)
    }
  }
  notify() {
    // 派发更新,循环缓存的 subscribers 数组,执行 effect 副作用函数
    this.subscribers.forEach((effect) => {
      effect()
    })
  }
}
```

上述 Dep 类实现如下:定义 get 和 set 拦截方法,get 方法内通过 depend 方法依赖收集,完成依赖收集后返回对应值,set 方法内将值更新,再通过 notify 方法进行派发更新。

仔细查阅上述代码可能会注意到，第一行定义了全局对象 activeEffect，该对象被用作存储当前组件的 effect 副作用函数。Dep 类的内部新定义 Set 结构 subscribers 用于存储 effect 副作用函数。

此处通过 ES6 的 Set 对象初始化，它的主要特性是去重和存储任意类型值。通过 Set 对象可以保存特殊类型数据并避免值重复问题。

当触发依赖收集时，判断 activeEffect 是否为空，若有 effect 副作用函数，则通过 add()方法将该函数保存到 subscribers 对象内，完成依赖收集。

当触发派发更新时，通过 forEach 遍历 subscribers 对象，调用保存的 effect 副作用函数，完成派发更新通知。

此处经常提到 effect 副作用函数，关于该函数的作用将在 2.3 节进行介绍，通过该方法通知对应的组件进行 patch 等一系列的更新等操作。完成该步骤后，整个对象的响应式处理步骤介绍完毕。

2.3　effect 副作用函数

完成响应式数据介绍后，再次回到 createApp()函数内查看后续实现逻辑：

```
function createApp(Component, container) {
  const state = reactive(Component.data())
  let isMount = true
  let prevTree
  watchEffect(() => {
    ...
  })
}
```

reactive()函数处理完数据后，声明 isMount 参数，用于判断是否为首次渲染。声明 prevTree 参数，用于记录当前 VNode 数据。完成该步骤后，开始执行 watchEffect()函数，该函数处理与 effect 副作用函数相关的内容，此处传入一个存储 effect 副作用内容的匿名函数，派发更新时，执行该匿名函数，作为当前组件更新的钩子函数。为理解调用关系，此处再次查看 notify 方法的实现逻辑：

```
notify() {
    this.subscribers.forEach((effect) => {
      effect()
    })
  }
```

此处遍历 subscribers 数组获取 effect 后直接执行调用，完成该操作后整个响应式数据关联就介绍完成。在收集依赖时，将该匿名函数保存在队列内，待派发更新时，再将收集到的依赖进行更新，遍历执行 effect 副作用函数。继续查看 watchEffect()函数的内部实现：

```
function watchEffect(effect) {
  activeEffect = effect
  effect()
  activeEffect = null
}
```

由上述代码可知，当匿名函数传递后，首先会赋值给全局变量 activeEffect，然后立刻执行 effect 副作用函数，完成执行后将 activeEffect 重新设置为空。设置 activeEffect 变量临时保存当前副作用函数,实时获取当前上下文,也在触发 get 或 set 时判断 activeEffect 是否有值,避免重复缓存。完成 watchEffect()函数的实现逻辑后,查看内部函数实现方法:

```
watchEffect(() => {
  // 通过 call 将 component.render 的上下文 this 绑定到 state 上
  const tree = Component.render.call(state)
  ...
})
```

watchEffect()函数内部通过 call()方法改变 this 指向,让 Component. render 函数内 this 指向 state,在 render()函数内通过 this. count 即可访问 state 内的 count,将 data 数据与 render 绑定。关于 effect 副作用函数执行时,mount()和 patch()函数的实现,将在 2.4 节介绍。

此处在 createApp 执行时,首先执行 reactive()函数,该函数实例化 Proxy 后,将不会往后执行,所以 watchEffect 会先保存 effect 副作用函数,并且使用 activeEffect 全局变量保存当前 effect 副作用函数后,再执行。在执行 effect 副作用函数时,会触发 reactiveHandlers 代理对象。通过这样巧妙的设计,在执行 effect 副作用函数的过程中,保存当前的 effect 副作用函数,完成依赖收集的工作。整个代码执行顺序可参考如图 2.2 所示步骤。

```
step 1, 执行createApp
step 2, 执行reactive
step 3, 执行watchEffect
step 4, 执行reactiveHanlders, get
step 5, 执行getDep
step 6, 执行Dep类 - get
step 7, 执行depend
step 8, 执行mount
>
```

图 2.2 执行顺序

该步骤图完整记录了整个 createApp 内部执行顺序,通过本节内容可以帮助读者理解整个运行流程,以便后续理解整个 Vue3 的核心功能。

2.4 mount ()函数

mount()函数在首次挂载时执行,可直接将 VNode 按照层级对 DOM 元素进行创建、渲染和挂载。具体执行逻辑为:首先在 mount()函数内对 VNode 的 props(属性)进行处理,再通过递归的方式处理子节点,待递归完成后,完成 VNode 树到真实 DOM 的渲染。

mount()函数的操作与书写 DOM 结构类似,首先渲染对应标签,其次处理标签内属性,最后处理标签内的值,完成上述步骤即完成一个标签的创建。标签之间的嵌套关系将通过递归的方式进行处理,由最深层级标签开始渲染,直到渲染到根节点标签。创建 DOM 节点入栈,渲染 DOM 节点出栈,采用后进先出的方式,保证子节点先渲染,父节点后渲染。

整个 mount()函数操作的实现代码如下:

第一步,根据 VNode 创建最上层标签。

```
const el = document.createElement(vnode.tag)
vnode.el = el
```

第二步,处理当前节点的 props 属性。

```
// props
```

```
if (vnode.props) {
  for (const key in vnode.props) {
    if (key.startsWith('on')) {
      el.addEventListener(key.slice(2).toLowerCase(), vnode.props[key])
    } else {
      el.setAttribute(key, vnode.props[key])
    }
  }
}
```

第三步，创建当前节点的子节点。此处需注意递归渲染子节点时，到最底层必然是具体的字符串，因此可以把子节点是否为 string 类型作为递归结束的判断条件。如果是 string 类型，则不用继续递归；如果是数组，则代表仍有子节点，需通过 for 循环遍历子节点，继续调用 mount()函数进行递归渲染。重复上述步骤，最终完成整个 VNode 树的渲染。涉及代码如下：

```
if (vnode.children) {
    if (typeof vnode.children === 'string') {
      el.textContent = vnode.children
    } else {
      vnode.children.forEach((child) => {
        mount(child, el)
      })
    }
  }
```

props 和 children 处理后，完成整个 DOM 结构渲染，再将当前元素插入父级元素指定位置，完成整个渲染过程。完整的 mount()函数代码如下：

```
// vnode 解析为 html 嵌套标签
function mount(vnode, container, anchor) {
  const el = document.createElement(vnode.tag)
  vnode.el = el
  // 处理 props
  if (vnode.props) {
    for (const key in vnode.props) {
      if (key.startsWith('on')) {
        el.addEventListener(key.slice(2).toLowerCase(), vnode.props[key])
      } else {
        el.setAttribute(key, vnode.props[key])
      }
    }
  }
  // 处理 children 子节点
  if (vnode.children) {
    if (typeof vnode.children === 'string') {
      el.textContent = vnode.children
    } else {
      vnode.children.forEach((child) => {
        mount(child, el)
      })
    }
  }
  // 处理 anchor 插入位置
  if (anchor) {
    container.insertBefore(el, anchor)
```

```
    } else {
      container.appendChild(el)
    }
  }
```

2.5 patch ()函数

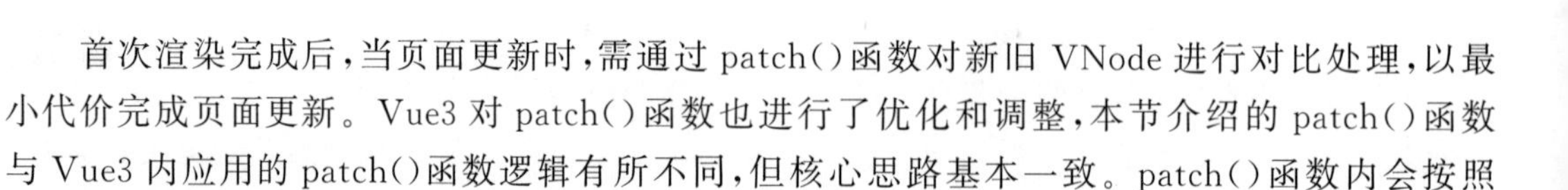

首次渲染完成后，当页面更新时，需通过 patch()函数对新旧 VNode 进行对比处理，以最小代价完成页面更新。Vue3 对 patch()函数也进行了优化和调整，本节介绍的 patch()函数与 Vue3 内应用的 patch()函数逻辑有所不同，但核心思路基本一致。patch()函数内会按照如下逻辑判断修改内容：

(1) 新旧节点完全不同，直接卸载旧节点，调用 mount()函数挂载新节点；

(2) 判断新旧节点 props(属性)是否有变化；

(3) 判断子节点是否有变化。

下面逐项进行介绍，完成整个 patch()函数的理解。

首先，通过 VNode 的 tag 属性判断新旧节点是否完全不同。VNode 节点在初始化时，会依据结构类型设置 tag 属性，如果该属性变化，证明整个节点已经变化，直接卸载旧节点，渲染新节点即可。若相同，则进行下一步判断。具体代码如下：

```
if (n1.tag !== n2.tag) {
  const parent = n1.el.parentNode
  const anchor = n1.el.nextSibling
  // 卸载旧节点
  parent.removeChild(n1.el)
  // 挂载新节点
  mount(n2, parent, anchor)
  return
}
```

其次，通过对比新旧 props 的属性值判断 props 属性是否有变化。执行如下处理流程：

(1) 判断新 VNode 的 props 属性在旧 VNode 中的覆盖情况。通过新 VNode 的 props 为基准进行遍历匹配，在匹配过程中若遇到新旧 props 不一致，且新 props 的属性值不为空，则在 DOM 节点新增该 props；

(2) 若遇到新旧 props 相同，但新 props 属性值为空，则需在旧 props 中删除该属性值。完成对新 props 属性的遍历后，实现以新 props 为基准，完成在新 props 中新增内容和在旧 props 中删除内容的初步调整；

(3) 此时还未对在旧 props 内存在，但在新 props 内不存在的属性进行处理。因此仍需遍历旧 props，判断是否在旧 props 内存在，但在新 props 内不存在的属性，若存在则执行删除操作。

该遍历执行后完成整个新旧 props 属性的判断和更新，具体代码实现如下：

```
const el = (n2.el = n1.el)
// diff 新旧 props
const oldProps = n1.props || {}
const newProps = n2.props || {}
// 对新的 props 进行判断
// 1.同位置判断新旧节点属性值是否相同
for (const key in newProps) {
  const newValue = newProps[key]
  const oldValue = oldProps[key]
```

```
    // 如果不同,则根据情况判断
    if (newValue !== oldValue) {
      // 如果新属性值不为空,代表新增
      // 否则需要删除旧节点的属性
      if (newValue != null) {
        el.setAttribute(key, newValue)
      } else {
        el.removeAttribute(key)
      }
    }
  }
  // 再遍历旧 VNode,将在新 VNode 内的数据继续排除
  for (const key in oldProps) {
    if (!(key in newProps)) {
      el.removeAttribute(key)
    }
  }
```

此处直接通过一刀切的方式强制调整了 VNode 属性值的变化。在 Vue3 中,整个 patch()的实现逻辑更加复杂,还将引入分而治之、节点优化等措施,以减少 DOM 节点的变化。

细心的读者可能会发现,在代码第一行进行了特殊操作。将 n1(旧)的 DOM 结构赋值给 n2(新)的 DOM 结构,此处不是代码书写问题,而是在赋值前已经对比过 tag 相同,说明两个 VNode 元素只是内部属性值不同,完全可以沿用当前的 DOM 结构。此处进行赋值后,在进行属性值调整时,只需要直接更新即可。通过该方式巧妙地完成整个属性值的 diff。

完成 props 属性的处理后,还剩下子节点需要处理,子节点的值类型有两种情况:字符串或数组。

若为字符串类型,则代表只是值的变化,例如:

```
<div @click="clickHandle"> hello vue3 </div>
```

对<div @click="clickHanlde"></div>处理已完成,hello vue3 这个子节点即为字符串类型,此时只需要修改字符串为最新的即可,代码实现如下:

```
// diff 子节点
const oc = n1.children
const nc = n2.children
if (typeof nc === "string") {
  if (nc !== oc) {
    el.textContent = nc
  }
}
```

若为数组类型,则不可避免地需要通过循环进行处理。数组内可能会有字符串和数组在一起的情况,此时需要进一步判断当前元素是字符串还是数组。

若为字符串,则直接清空现有的字符串,调用 mount()挂载即可。

若为数组,则需要进一步 patch 新旧 VNode 的情况,执行 patch 递归处理。代码实现如下:

```
// 如果新节点是字符串类型
if (typeof nc === "string") {
  if (nc !== oc) {
    el.textContent = nc
  }
// 如果新节点是数组类型
```

```
} else if (Array.isArray(nc)) {
  // 如果旧节点是数组类型
  if (Array.isArray(oc)) {
    // diff 数组
    const commonLength = Math.min(oc.length, nc.length)
    for (let i = 0; i < commonLength; i++) {
      patch(oc[i], nc[i])
    }
    // 如果新节点数量大于旧节点,则直接调用 mount()
    if (nc.length > oc.length) {
      nc.slice(oc.length).forEach((c) => mount(c, el))
    // 如果旧节点数量大于新节点,则直接 remove
    } else if (oc.length > nc.length) {
      oc.slice(nc.length).forEach((c) => {
        el.removeChild(c.el)
      })
    }
  } else {
    // 如果旧节点是字符串类型
    el.innerHTML = ''
    nc.forEach((c) => mount(c, el))
  }
}
```

若新节点为数组,则遍历时先取新旧节点数组长度的交集部分,对相同位置的子节点进行patch操作,再根据数组长度判断剩下的部分是旧节点还是新节点,若是旧节点直接通过forEach遍历进行删除;若是新节点,则通过mount()进行挂载。

该流程处理后,整个patch()的过程均已完成,需要进行增、删、改的节点也完成调整。通过diff对比VNode的更新情况,完成真实DOM结构的调整,整个patch流程如图2.3所示。

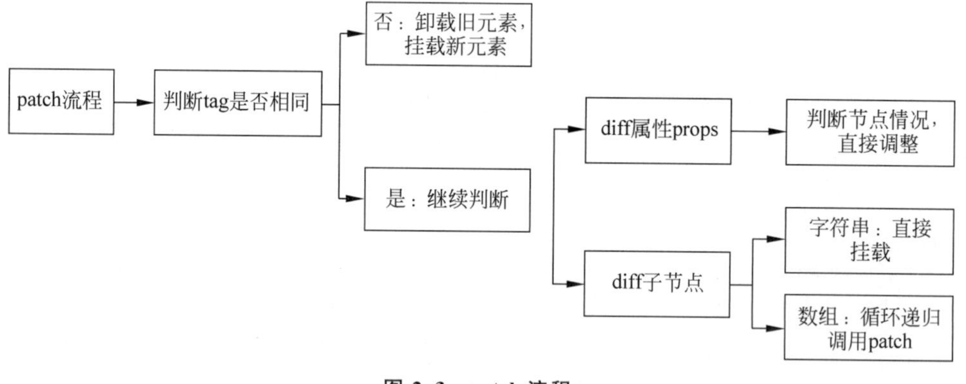

图2.3 patch流程

2.6 总结

本章通过简单的demo,介绍Vue3的核心功能,包括createApp()的作用、Vue3响应式的核心原理和调用执行关系、effect副作用函数的作用与处理、组件的挂载(mount)和更新(patch)等,通过本章的学习可以掌握Vue3中的核心思想和处理逻辑,在阅读整个demo的过程中也能够学习内部处理方法,有利于代码编写。

通过createApp()将整个流程进行简单的串联,简单回顾组件的挂载和更新流程,如图2.4和图2.5所示。

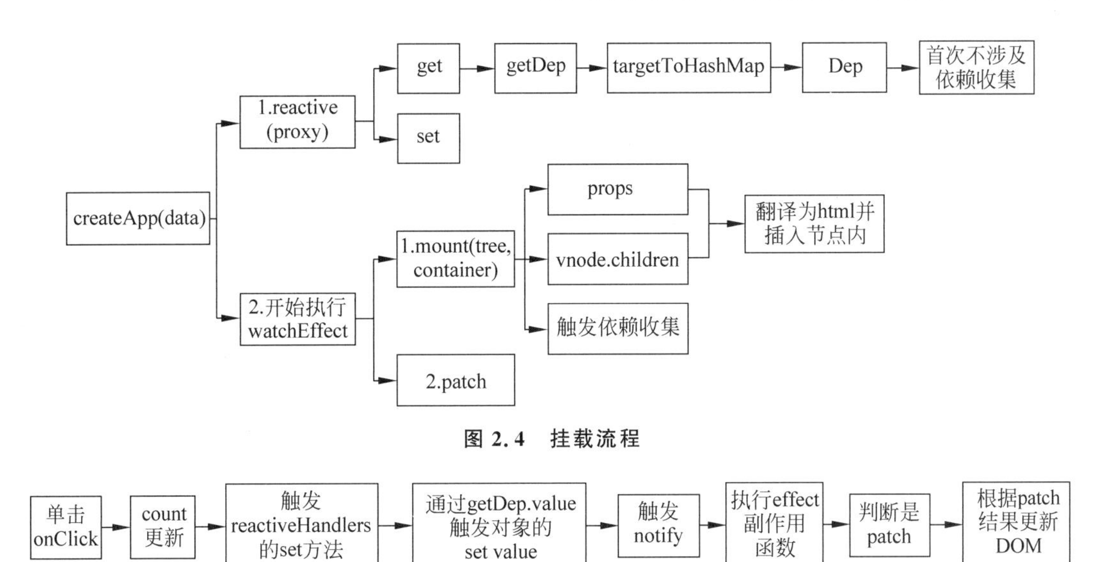

图 2.4 挂载流程

图 2.5 更新流程

根据上述代码实现简单的 Vue3 模型，该 demo 可以直接引用后在浏览器打开预览。通过 demo 的拆解介绍，帮助理解 Vue3 的核心流程。完成本章学习后，对整个逻辑已经有初步了解，再去查看对应的内容将会对源码有更加清晰的认识。第 3 章将会按照与本章相同的模式，对比介绍 Vue3 的核心逻辑和对应源码的细节逻辑，完成整个源码库的解读，完成从简单到复杂的过渡。

本章的源码在本书配套资源内，可直接下载后引用运行，也可以自行在浏览器 debug 源码，反复理解整个代码的执行逻辑。

第3章 Vue3整体实现

CHAPTER 3

本章将通过对源码的调试，介绍 Vue3 的整体实现。本章内容是第 2 章内容的延伸，核心逻辑与第 2 章基本相同。读者可以将两章内容对照进行学习。读者可以跟随本章的内容学习源码调试方法，简单理解 Vue3 的运行原理。

观看视频速览本章主要内容。

3.1 源码调试

（1）基础环境：npm、node、vscode；

（2）下载源码；

```
git clone git@github.com:vuejs/vue-next.git
```

注：git@github.com 为 ssh 下载，若未设置免密，则可使用 HTTPS 下载。

（3）安装项目依赖；

（4）安装 yarn 插件；

```
npm install yarn -g
```

（5）安装依赖；

```
yarn install
```

安装依赖时，如果提示需安装 pnpm，则会在执行时提示“This repository requires using pnpm as the package manager for scripts to work properly.”，如图 3.1 所示。pnpm 命令可以通过 npm 安装。

```
zhangtinghangdeMacBook-Pro:vue3-detail zhang$ yarn install
yarn install v1.22.10
info No lockfile found.
$ node ./scripts/preinstall.js
This repository requires using pnpm as the package manager  for scripts to work properly.

error Command failed with exit code 1.
info Visit https://yarnpkg.com/en/docs/cli/install for documentation about this command.
```

图 3.1 报错信息

（6）安装 pnpm；

```
npm install -g pnpm
```

使用 pnpm 时需注意，pnpm 命令对 node 版本有依赖，例如，在本地执行 pnpm 时，提示 node 版本过低，此时需要升级 node 版本，以支持依赖，提示信息如图 3.2 所示。

```
zhangtinghangdeMacBook-Pro:vue3-detail zhang$ pnpm install
ERROR: This version of pnpm requires at least Node.js v12.17
The current version of Node.js is v12.16.3
Visit https://r.pnpm.io/comp to see the list of past pnpm versions with respective Node.js version support.
```

图 3.2 提示信息

（7）升级 node 版本。

本书的操作环境安装有 nvm，可以直接切换多个版本 node，关于 node 升级此处不过多介绍，完成 node 版本升级后，通过 pnpm 安装依赖。

3.1.1 代码调试

依赖包安装完成后即可运行 vue 代码，执行 npm run build 打包最新的代码。完成打包后可以在 packages/vue/dist 内找到对应文件，打包结果如图 3.3 所示。

图 3.3 打包结果

完成打包后，新建 html 文件并引入编译好的 vue.global.js 文件，在 html 文件内实现简单的内容：渲染一个按钮和提示语，单击按钮后可以反转提示语的字母位置。该 demo 实现十分简单，但是通过该操作可以帮助读者探究 Vue3 内部运行原理，覆盖 Vue3 的核心逻辑。整体代码如下：

```
<!DOCTYPE html>
<html>
  <head>
      <meta charset = "UTF - 8">
      <meta name = "viewport" content = "width = device - width, initial - scale = 1.0">
      <meta http - equiv = "X - UA - Compatible" content = "ie = edge">
      <title> Hello Vue3.0 </title>
      <style>
          body,
          #app {
              text - align: center;
              padding: 30px;
          }
      </style>
      <script src = "./packages/vue/dist/vue.global.js"></script>
  </head>
  <body>
    <h3> reactive </h3>
    <div id = "app"></div>
  </body>
  <script>
    const { createApp, reactive } = Vue;
    const App = {
      template: `<button @click = "click"> reverse </button><div style = "margin - top: 20px">
{{ state.message }}</div>`,
      setup() {
        console.log("setup ");
        const state = reactive({
          message: "Hello Vue3!!"
```

```
          });
          click = () => {
            state.message = state.message.split("").reverse().join("");
          };
          return {
            state,
            click
          };
        }
      };
      createApp(App).mount("#app");
    </script>
  </html>
```

上述代码使用了 Vue3 的 createApp()函数和 reactive()函数，createApp()函数完成组件的初始化、挂载、更新和内部 setup()函数执行等过程。reactive()函数完成内部响应式数据的实现。该 demo 实现的功能很简单，但覆盖了整个 Vue3 的核心逻辑。

上述页面完成后，即可在浏览器打开页面进行调试。查看 Source 标签页可以发现 Vue3 源码全在一个文件内不利于阅读和调试，需手动开启 sourceMap。

3.1.2 开启 sourceMap

开启 sourceMap 需要修改 rollup.config.js 文件内容，在 createConfig 方法内配置 output.sourcemap=true，设置 sourceMap 如图 3.4 所示。

```
92  output.exports = isCompatPackage ? 'auto' : 'named'
93  //output.sourcemap = !!process.env.SOURCE_MAP
94  output.externalLiveBindings = false
95  output.sourcemap = true
96
97  if (isGlobalBuild) {
98    output.name = packageOptions.name
99  }
```

图 3.4 设置 sourceMap

在 tsconfig.json 中配置 sourceMap 输出，将 sourceMap 从 false 改为 true，打开 sourceMap，如图 3.5 所示。

```
1   {
2     "compilerOptions": {
3       "baseUrl": ".",
4       "outDir": "dist",
5       "sourceMap": true,
6       "target": "es2016",
7       "useDefineForClassFields": false,
8       "module": "esnext",
9       "moduleResolution": "node",
10      "allowJs": false,
11      "strict": true,
12      "noUnusedLocals": true,
13      "experimentalDecorators": true,
```

图 3.5 打开 sourceMap

完成后重新打包即可开启 sourceMap，页面涉及的 Vue 源码如图 3.6 所示。

3.1.3 总结

本节主要介绍 Vue3 源码调试的步骤。本节的设置和调试作用将贯穿全文，后续源码解读和分析均会使用该 demo，因此学习并开始 Vue 源码调试十分重要，建议读者通过对源码的调试(debug)，学习 Vue3 的内部实现，提升自己的动手和代码阅读能力。

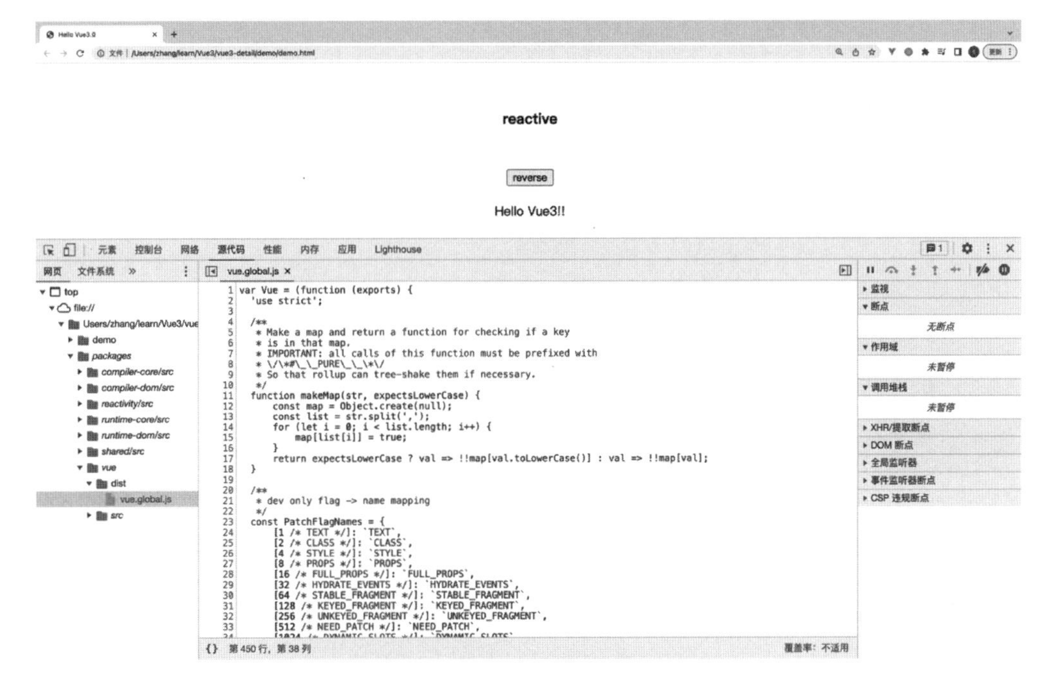

图 3.6 Vue 源码

后面将以表格的形式列出每个函数对应的文件，由于文件路径较长，为了便于阅读，以简写路径代替真实路径。

3.2 createApp()函数

3.2.1 涉及文件

createApp()函数涉及文件路径如表 3.1 所示。

表 3.1 createApp()函数涉及文件路径

名　称	简写路径	文件路径
createApp	$runtime-dom_index	$root/packages/runtime-dom/src/index.ts
ensureRenderer	$runtime-dom_index	$root/packages/runtime-dom/src/index.ts
baseCreateRenderer	$runtime-core_render	$root/packages/runtime-core/src/render.ts
render	$runtime-core_render	$root/packages/runtime-core/src/render.ts
createAppAPI	$runtime-core_apiCreateApp	$root/packages/runtime-core/src/apiCreateApp.ts

3.2.2 调用 createApp()函数

调用 createApp()函数返回一个应用实例，它的实现在 $runtime-dom_index.ts 文件内，Vue3 源码内的 createApp()函数内部主要创建实例并对实例的 mount()方法进行重写，代码如下所示：

```
export const createApp = ((...args) => {
  // 创建渲染器并调用渲染器的 createApp()方法创建 app 实例
  const app = ensureRenderer().createApp(...args);
  // 重写 app 的 mount()方法
  const { mount } = app;
  app.mount = (containerOrSelector: Element | string): any => {
    // ...
```

```
    };
    // 返回 app
    return app;
}) as CreateAppFunction<Element>;
```

上述代码,主要完成两项工作:

(1) 初始化 app 实例;

(2) 重写 app 实例的 mount()方法。

在初始化 app 时,首先创建渲染器,并且调用渲染器的 createApp()方法,查看 ensureRenderer()函数实现逻辑,具体代码如下:

```
// $ runtime-dom_index
function ensureRenderer() {
    // 若 renderer 存在则直接返回,若不存在则创建
    return renderer ||
    (renderer = createRenderer<Node, Element>(rendererOptions))
}
```

该代码采用单例模式实现,若 renderer 存在则直接返回,若不存在则调用 createRenderer()函数创建。使用单例模式优化可以避免重复创建 renderer,减少性能消耗。调用 createRenderer()函数时传入 rendererOptions 对象,该对象内含有与 DOM 相关的方法,在 DOM 渲染等时将会大量使用。在查看 createRenderer()函数前,先简单介绍该对象内的实现。该对象由 3 个对象合并而来,分别是 patchProp、forcePatchProp 和 nodeOps,patch(class、style 等)的处理方法在前两个对象内,DOM 的处理方法在 nodeOps 对象内。

rendererOptions 生成代码实现如下:

```
const rendererOptions = extend({ patchProp, forcePatchProp }, nodeOps)
```

rendererOptions 流程图如图 3.7 所示。

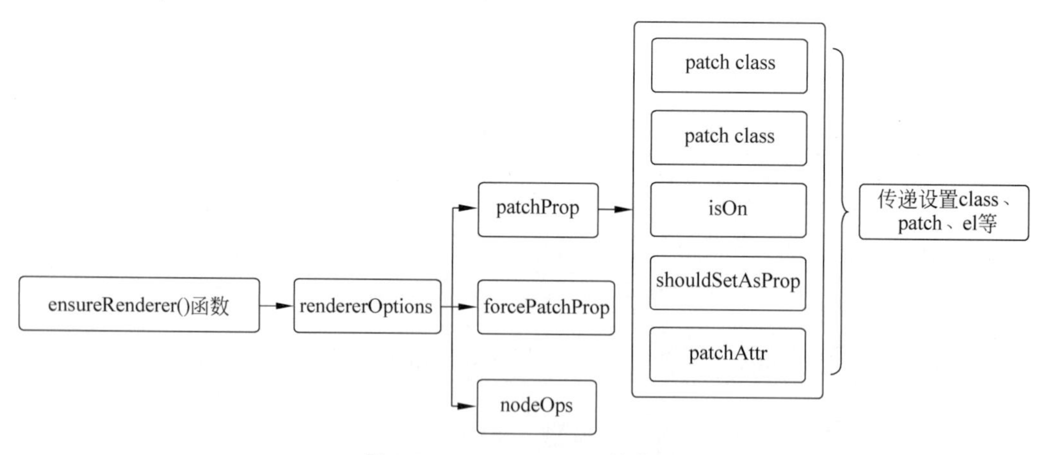

图 3.7 rendererOptions 流程图

3.2.3 调用 createRenderer()函数

继续介绍创建 createApp()函数的主线逻辑,调用 $runtime-core_render 文件内 createRenderer()函数。该函数采用高阶函数的方式,在函数内部返回另外一个函数,具体代码如下:

```
// $ runtime-core_render
export function createRenderer<
```

```
  HostNode = RendererNode,
  HostElement = RendererElement
>(options: RendererOptions<HostNode, HostElement>) {
  return baseCreateRenderer<HostNode, HostElement>(options)
}
```

在返回的函数 baseCreateRenderer()中，既可以传入浏览器平台的 options，也可以传入小程序等其他环境的 options，实现对上层平台 API 的解耦。

在 createRenderer()函数所在的文件内可以找到 3 个 baseCreateRenderer()函数定义，这是 TypeScript 内函数重载的写法。可以根据传入参数类型选择不同的函数体执行。涉及逻辑代码如下：

```
// $ runtime-core_render
// overload 1: no hydration
function baseCreateRenderer<
  HostNode = RendererNode,
  HostElement = RendererElement
>(options: RendererOptions<HostNode, HostElement>): Renderer<HostElement>
// overload 2: with hydration
function baseCreateRenderer(
  options: RendererOptions<Node, Element>,
  createHydrationFns: typeof createHydrationFunctions
): HydrationRenderer
// implementation
function baseCreateRenderer(
  options: RendererOptions,
  createHydrationFns?: typeof createHydrationFunctions
): any {
…
}
```

此处着重介绍第三个 baseCreateRenderer()函数的实现逻辑：

(1) 从 options 中取出平台相关的 API；

(2) 创建 patch 函数；

(3) 创建 render 函数；

(4) 返回一个渲染器对象。

上述 4 点简单概括了 baseCreateRenderer()函数所做工作，对函数精简后的主要逻辑代码如下：

```
// $ runtime-core_render
function baseCreateRenderer(
  options: RendererOptions,
  createHydrationFns?: typeof createHydrationFunctions
): any {
    // 从 options 中取出传递进来的 API
    const { ... } = options
    // 创建 patch 函数
    const patch: PatchFn = ( … ) => {}
    const mountElement = () => {}
    const patchProps = () => {}
    const mountComponent: MountComponentFn = () => {}
    const updateComponent = () => {}
    const unmount: UnmountFn = () => {}
    // 创建 render 函数
```

```
    const render: RootRenderFunction = (vnode, container) => {}
    // 返回渲染器对象
    return {
      render,
      hydrate,
      createApp: createAppAPI(render, hydrate)
    }
}
```

该函数内部需要实现很多内置方法,包括第 2 章介绍的 mount 挂载、props 处理、unmount 卸载、update 更新、patch 和 render 等。由于代码较为繁杂,不利于理解主体逻辑,在后续内容将逐步细化分析,此处暂不给出具体实现。

注: hydrate 参数主要在 SSR 时使用。将后端渲染中的纯字符串转换为可展示的 HTML 页面,这个过程就是 hydrate。

在查看 createAppAPI()函数实现前,先查看 render 函数,它用于内部的 render 渲染操作,根据组件状态判断执行挂载还是更新,该函数内部的实现代码如下:

```
// $ runtime-core_render
const render: RootRenderFunction = (vnode, container) => {
    if (vnode == null) {
      if (container._vnode) {
        unmount(container._vnode, null, null, true)
      }
    } else {
      patch(container._vnode || null, vnode, container)
    }
    flushPostFlushCbs()
    container._vnode = vnode
  }
```

上述代码与第 2 章介绍 watchEffect()函数内传入的匿名函数十分相似。此处调用 render 函数将会执行 unmount()、patch()和 flushPostFlushCbs()函数。

继续查看 createAppAPI()函数,它位于 $ runtime-core_apiCreateApp 文件内。通过查看该函数的实现,可以发现内部又返回了一个 createApp()函数。此处多次返回函数的设计主要是采用函数柯里化的方式持有 render 函数以及 hydrate 参数,避免了用户在应用内使用时需要手动传入 render 函数给 createApp。

根据 createAppAPI()函数传递的参数可知,render 函数被传递到该函数内部,涉及的关键代码如下:

```
// $ runtime-core_apiCreateApp
export function createAppAPI<HostElement>(
  render: RootRenderFunction,
  hydrate?: RootHydrateFunction
): CreateAppFunction<HostElement> {
  return function createApp(rootComponent, rootProps = null) {
    const context = createAppContext()
    const installedPlugins = new Set()
    let isMounted = false
    const app: App = (context.app = {
      get config() {},
      set config(v) {},
      use(plugin: Plugin, ...options: any[]) {},
      mixin(mixin: ComponentOptions) {},
```

```
    component(name: string, component?: Component): any {},
    directive(name: string, directive?: Directive) {},
    mount(rootContainer: HostElement, isHydrate?: boolean): any {},
    unmount() {},
    provide(key, value) {}
  })
  return app
}
```

该函数内部实现代码较多,内部主要做如下处理:

(1) 判断 rootProps 类型,调整其值;

(2) 通过 createAppContext 创建 context 上下文;

(3) 初始化已安装插件 installedPlugins 和 isMounted 状态对象;

(4) 通过对象字面量的方式创建一个完全实现 app 实例接口的对象并返回。

其中创建 context 上下文内容如下:

```
export function createAppContext(): AppContext {
  return {
    app: null as any,
    config: {
      isNativeTag: NO,
      performance: false,
      globalProperties: {},
      optionMergeStrategies: {},
      errorHandler: undefined,
      warnHandler: undefined,
      compilerOptions: {}
    },
    mixins: [],                          // 混入
    components: {},                      // 组件
    directives: {},                      // 指令
    provides: Object.create(null),       // 注入对象
    optionsCache: new WeakMap(),         // options 缓存
    propsCache: new WeakMap(),           // props 缓存
    emitsCache: new WeakMap()            // emits 缓存
  }
}
```

该函数初始化 app 全局方法,包括全局混入、全局组件、全局指令和全局注入等。完成 context 上下文创建后,再查看创建 app 实例的部分,代码如下:

```
function createApp(rootComponent, rootProps = null) {
  …
  // 创建 context 上下文
  const context = createAppContext()
  // 创建插件安装 set
  const installedPlugins = new Set()
  // 是否挂载
  let isMounted = false
const app: App = (context.app = {
  …
  use(plugin: Plugin, ...options: any[]) { … }
  mixin(mixin: ComponentOptions) { … }
  component(name: string, component?: Component): any { … }
  directive(name: string, directive?: Directive) { … }
  mount(rootContainer: HostElement, isHydrate?: boolean): any { … }
```

```
    unmount() { … }
    provide(key, value) { … }
    return app
    }
}
```

组件内的方法和属性大部分在此处声明和初始化，该函数主要涉及：

(1) 基本属性，包括_uid(唯一标识)、props、配置设置等；

(2) 插件安装，通过调用 use()方法处理插件相关内容；

(3) 混入函数，通过 mixin()函数处理混入相关内容；

(4) 组件内容，通过 component()函数处理；

(5) 指令内容，通过 directive()函数注册全局指令；

(6) 挂载组件，通过 mount()函数进行挂载；

(7) 卸载组件，通过 unmount()函数进行卸载；

(8) 注入组件，通过 provide()函数进行注入。

通过该函数，可以大致了解 Vue 的内部情况，完成初始化操作后，返回 app 对象。

此处执行初始化操作，且为非 SSR 模式，所以设置 isMounted＝false，isHydrate＝false。通过 createVNode 方法创建根组件 VNode，并由 render 函数从根组件 VNode 进行渲染，传入 VNode、rootContainer 参数，完成渲染后，将 isMounted 标识为 true(已挂载)，然后绑定根实例和根容器，最后返回根组件的代理，完成挂载。主要逻辑代码如下：

```
mount(
  rootContainer: HostElement,
  isHydrate ? : boolean,
  isSVG ? : boolean
): any {
  if (! isMounted) {
    ...
    const vnode = createVNode(
      rootComponent as ConcreteComponent,
      rootProps
    )
    vnode.appContext = context
    …
    if (isHydrate && hydrate) {
      hydrate(vnode as VNode < Node, Element >, rootContainer as any)
    } else {
      render(vnode, rootContainer, isSVG)
    }
    isMounted = true
    app._container = rootContainer;
    (rootContainer as any).__vue_app__ = app
    return getExposeProxy(vnode.component! ) || vnode.component! .proxy
  }
  ...
}
```

注：此处的 render 方法是上文 createAppAPI 方法特有的，该方法是由上文传入，所以此处可以直接调用。

app 初始化完成并且调用 mount()方法后，回到本节开始的地方，会发现通过 app 实例解构出 mount()方法后对其进行了重写，整个过程通过处理容器元素、判断根组件是否存在模板或渲染函数、清空容器内容 3 个步骤，确保原 mount()方法的正常执行。在完成这部分工作后 createApp(app). mount()全流程就完成了。重写 mount()方法的具体代码如下：

```
app.mount = (containerOrSelector: Element | string): any => {
    // 标准化容器元素 element | string --> element
    const container = normalizeContainer(containerOrSelector)
    // 若找不到元素，则直接 return
    if (!container) return
    // 拿到 app 组件
    const component = app._component
    // 如果既不是函数组件也没有 render 和模板，则取容器元素的 innerHTML 当作模板
    if (!isFunction(component) && !component.render && !component.template) {
      component.template = container.innerHTML
      …
    }
    // 在挂载前清空容器的 innerHTML
    container.innerHTML = ''
    // 执行挂载，得到返回的代理对象
    const proxy = mount(container, false, container instanceof SVGElement)
    if (container instanceof Element) {
      container.removeAttribute('v-cloak')
      container.setAttribute('data-v-app', '')
    }
    return proxy
}
```

在对 mount 重写时，主要对 DOM 相关逻辑进行处理。例如，通过 innerHTML 将初始化完成的内容挂载到页面上等操作，是为了将浏览器平台的内容与核心内容进行分离，也方便用户自定义 mount 挂载逻辑，使之应用到不同的平台，为实现跨平台提供帮助。

Vue 初始化 app 实例如图 3.8 所示。

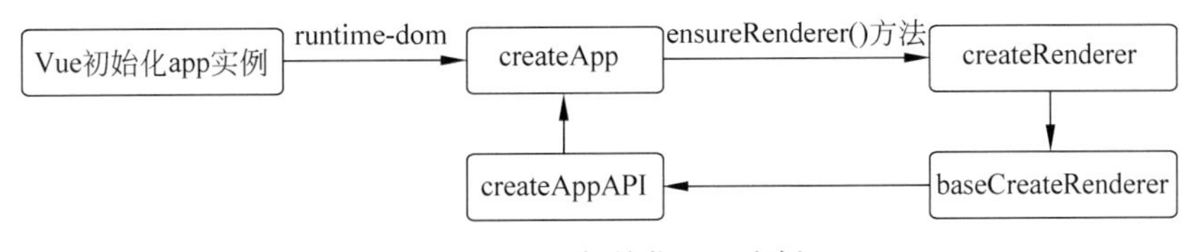

图 3.8 Vue 初始化 app 实例

3.2.4 总结

本节主要讲解整个 Vue 初始化 app 实例的流程，结合第 2 章对 createApp 核心内容和调用流程的讲解，相信读者对整个 Vue 的初始化有了深刻的认识。熟悉该调用流程后，我们将在后面展开介绍内部的实现原理。本节内也提到了很多设计模式等的使用，在阅读源码的过程中，可以多进行学习，并应用到自己的项目中，本节主要使用的技巧包括但不限于，函数柯里化、单例模式和函数重载的应用。

3.3 mounted 挂载

3.3.1 涉及文件

mounted 挂载涉及文件路径如表 3.2 所示。

表 3.2 mounted 挂载涉及文件路径

名　　称	简 写 路 径	文 件 路 径
mount	$ runtime-core_apiCreateApp	$ root/packages/runtime-core/src/apiCreateApp. ts
processComponent	$ runtime-core_renderer	$ root/packages/runtime-core/src/renderer. ts
setupComponent	$ runtime-core_components	$ root/packages/runtime-core/src/component. ts
setupStatefulComponent	$ runtime-core_components	$ root/packages/runtime-core/src/component. ts
finishComponentSetup	$ runtime-core_components	$ root/packages/runtime-core/src/component. ts

本节将详细介绍 Vue3 中 mounted 挂载时的整体流程，通过该流程了解组件挂载的详细情况。下面对涉及的虚拟 DOM 和 VNode 的相关知识进行简单介绍。

mount(挂载)内部将 VNode 转换为真实的 DOM 结构再挂载到 DOM 根节点内，mount 的调用在 createApp 函数内已有简单介绍，对 render 函数的作用也有一定了解，本节将继续围绕该内容展开介绍。

虚拟 DOM 本质是通过 JavaScript 对象描述真实 DOM 的结构和属性。因为在 DOM 操作的过程中会涉及页面的重绘和回流，所以引入虚拟 DOM 减少对 DOM 对象的操作，降低性能损耗。如果只是对页面内某个极小部分修改就造成整个 DOM 树的重绘，那么会有极大的性能损耗。虚拟 DOM 概念从 Vue2 开始引入，在真实操作 DOM 前对需要修改的内容进行判断，保证只有 DOM 结构的最小化修改，减少重绘和回流的次数，以达到节约性能损耗的目的。在 Vue3 中依然保留虚拟 DOM，并且对其进行大幅度优化。

VNode 是虚拟 DOM 的外在表现，对 VNode 的增、删、改和查可映射为对 DOM 的增、删、改和查。整个渲染核心均是围绕虚拟 DOM 展开的，通过 VNode 的形式呈现。该对象声明位置在 $ runtime-core_vnode 文件内，具体声明及含义可在 4.1.2 节查看。

对虚拟 DOM 和 VNode 有简单了解后，再回到 $ runtime-core_apiCreateApp 文件内查看与 mount 相关的内容。mount 内部首先会判断是否已经挂载，如果已挂载，则结束 mount 函数执行。如果未挂载，则创建一个 VNode，再执行 render 渲染。mount 的挂载本质是调用 apiCreateApp()函数，该函数简化后代码如下：

```
// $ runtime - core_apiCreateApp
mount(rootContainer: HostElement, isHydrate?: boolean): any {
  if (!isMounted) {
    // 创建根组件 VNode
    const vnode = createVNode(
      rootComponent as ConcreteComponent,
      rootProps
    )
    // 在根节点 VNode 上存储应用上下文
    vnode.appContext = context
    // HMR 根节点重载
    if (__DEV__) {
      context.reload = () => {
        render(cloneVNode(vnode), rootContainer)
      }
    }
    if (isHydrate && hydrate) {
```

```
      hydrate(vnode as VNode < Node, Element >, rootContainer as any)
    } else {
    // 从根组件 VNode 开始渲染
      render(vnode, rootContainer)
    }
    // 标识已挂载
    isMounted = true
    // 绑定根实例和根容器
    app._container = rootContainer
    // 调试工具和探测
    ;(rootContainer as any).__vue_app__ = app
    if (__DEV__ || __FEATURE_PROD_DEVTOOLS__) {
      devtoolsInitApp(app, version)
    }
    // 返回根组件的代理
    return vnode.component!.proxy
  } else if (__DEV__) {
    // ...
  }
}
```

上述代码通过 createVNode()函数创建 VNode 上下文，将创建好的上下文通过 render 函数进行渲染。此处 mounted 挂载将分为 3 个步骤：

（1）根据根组件信息创建根组件 VNode，在根节点 VNode 上存储应用上下文；

（2）从根组件 VNode 开始递归渲染生成 DOM 树并挂载到根容器上；

（3）处理根组件挂载后的相关工作并返回根组件的代理。

注：此 render 函数是内部渲染函数，内部利用递归的方式将 VNode 转换为 DOM 结构使用，与后面将模板转换为 VNode 的 render 渲染函数无任何关联。

3.3.2 创建根组件 VNode

通过调用 createVNode()函数实现对根组件 VNode 的创建，该函数位于 $ runtime-core_vnode 文件内，实现代码如下：

```
// $ runtime-core_vnode
export const createVNode = (__DEV__
  ? createVNodeWithArgsTransform
  : _createVNode) as typeof _createVNode
```

该函数内部首先判断是否为开发环境，然后根据环境输出代码的执行情况，最后调用_createVNode()函数创建一个 VNode 并返回。_createVNode()函数的内部实现逻辑主要包括：

（1）对 class 和 style 进行标准化；

（2）对 VNode 的形态类型进行确定(patch 时依赖)；

（3）通过对象字面量的方式来创建 VNode；

（4）标准化子节点；

（5）完成创建后，返回 VNode。

注：此处的标准化操作十分有必要，并且是提升遍历速度的措施之一。此处标准化后，在后续对 VNode 进行递归遍历时，可以减少判断分支，提高递归效率和减少其他未知情况的影响，进而提升遍历稳定性、遍历速度和代码可读性。

因_createVNode()函数内容较多，此处不便展开，将放到 4.1.2 节详细介绍，并对较核心的内容进行注解。

3.3.3 递归渲染

完成根组件创建后，开始调用 render 函数渲染。render 函数是以参数的形式传入 createAppAPI()函数内，因此在调用 createAppAPI()的地方，可以查到对应 render 函数的实现。代码位于 $ runtime-core_render 文件内，定义在 baseCreateRenderer()函数内，精简后的代码如下：

```
$ runtime - core_render
const render: RootRenderFunction = (vnode, container) => {
    if (vnode == null) {
      // 若无新的 VNode,则卸载组件
      if (container._vnode) {
        unmount(container._vnode, null, null, true)
      }
    } else {
      // 挂载分支
      patch(container._vnode || null, vnode, container)
    }
    // 执行 postFlush 任务队列
    flushPostFlushCbs()
    // 保存当前渲染完毕的根 VNode 在容器上
    container._vnode = vnode
  }
```

上述代码调用 render 函数执行卸载和挂载逻辑，因介绍 mounted 挂载逻辑，此处默认有 VNode 传入，执行 patch 函数。

patch 函数的主要逻辑代码如下：

```
const patch: PatchFn = (
    // 旧 VNode
    n1,
    // 新 VNode
    n2,
    // 挂载容器
    container,
    // 锚点
    anchor = null,
    parentComponent = null,
    parentSuspense = null,
    isSVG = false,
    slotScopeIds = null,
    optimized = __DEV__ && isHmrUpdating ? false : !!n2.dynamicChildren
) => {
    if (n1 === n2) {
      return
    }
    // 判断不是同一个 VNode,直接卸载旧 VNode
    if (n1 && !isSameVNodeType(n1, n2)) {
      // 获取插入的标识位
      anchor = getNextHostNode(n1)
      unmount(n1, parentComponent, parentSuspense, true)
      n1 = null
    }
    if (n2.patchFlag === PatchFlags.BAIL) {
      optimized = false
```

```
      n2.dynamicChildren = null
    }
    // 取出关键信息
    const { type, ref, shapeFlag } = n2
    switch (type) {
      case Text:
        // 处理文本节点...
        break
      case Comment:
        // 处理注释节点...
        break
      case Static:
        // 处理静态节点...
        break
      case Fragment:
        // 处理 fragment ...
        break
      default:
        // 判断 VNode 类型
        if (shapeFlag & ShapeFlags.ELEMENT) {
          // 处理元素节点
          processElement(...)
        } else if (shapeFlag & ShapeFlags.COMPONENT) {
          // 处理组件
          processComponent(...)
        } else if (shapeFlag & ShapeFlags.TELEPORT) {
          // 处理 teleport 组件
          ;(type as typeof TeleportImpl).process(...)
        } else if (__FEATURE_SUSPENSE__ && shapeFlag & ShapeFlags.SUSPENSE) {
          // 处理 suspense 组件
          ;(type as typeof SuspenseImpl).process(...)
        } else if (__DEV__) {
          warn('Invalid VNode type:', type, `($ {typeof type})`)
        }
    }
}
```

整个 patch 函数主要是判断不同的 VNode 类型(此处的 VNode 类型即创建时初始化的类型),并根据不同类型执行不同的分支,实现递归整个 VNode 的逻辑。Vue3 在处理 VNode 的 shapeFlag 时采用了位运算的方式,关于位运算的知识,将在 7.6 节介绍。根据调试情况来看,程序执行逻辑最终会进入 processComponent()函数中,该函数具体实现如下:

```
const processComponent = (...) => {
  if (n1 == null) {
    ...
    // 挂载组件
    mountComponent(
      n2,
      container,
      anchor,
      parentComponent,
      parentSuspense,
      isSVG,
      optimized
    )
  } else {
```

```
      // 更新组件
      updateComponent(n1, n2, optimized)
    }
  }
```

本节主要关注挂载逻辑，处理 mounted 挂载的 mountComponent()函数，具体实现代码如下：

```
const mountComponent: MountComponentFn = (
      initialVNode,
      container,
      anchor,
      parentComponent,
      parentSuspense,
      isSVG,
      optimized
    ) => {
      const compatMountInstance =
      __COMPAT__ && initialVNode.isCompatRoot && initialVNode.component
      // 创建组件上下文实例
      const instance: ComponentInternalInstance =
       compatMountInstance ||
      (initialVNode.component = createComponentInstance(
        initialVNode,
        parentComponent,
        parentSuspense
      ));
      …
      // 启动组件
      setupComponent(instance);
      …
      // setup 函数为异步的相关处理，忽略相关逻辑
      if (__FEATURE_SUSPENSE__ && instance.asyncDep) {
        parentSuspense && parentSuspense.registerDep(instance, setupRenderEffect);
        if (!initialVNode.el) {
          const placeholder = (instance.subTree = createVNode(Comment));
          processCommentNode(null, placeholder, container!, anchor);
        }
        return;
      }
      // 启动带副作用的 render 函数
      setupRenderEffect(
        instance,
        initialVNode,
        container,
        anchor,
        parentSuspense,
        isSVG,
        optimized
      );
    };
```

在上述代码中，mountComponent()函数内部主要完成如下 3 项工作：

(1) 创建组件上下文实例；

(2) 执行组件 setup 函数；

(3) 创建带副作用的 render 函数。

接下来详细介绍上述 3 点内容。

3.3.4 创建组件上下文实例

```
export function createComponentInstance(
  vnode: VNode,
  parent: ComponentInternalInstance | null,
  suspense: SuspenseBoundary | null
) {
  // 根据条件获取上下文,可能的值包括父组件、组件自身或初始化完成的默认值
  const appContext =
    (parent ? parent.appContext : vnode.appContext) || emptyAppContext
  // 通过对象字面量创建 instance
  const instance: ComponentInternalInstance = {...}
  instance.ctx = { _: instance }
  instance.root = parent ? parent.root : instance
  instance.emit = emit.bind(null, instance)
  // 自定义元素特殊处理
  if (vnode.ce) {
    vnode.ce(instance)
  }
  return instance
}
```

该方法返回通过对象字面量创建的 instance。为帮助读者阅读源码及了解相关特性,我们可以通过 instance 的 interface 来了解组件实例包含的属性。ComponentInternalInstance 的 interface 定义如下:

```
export interface ComponentInternalInstance {
  // 组件唯一 id
  uid: number
  // 组件类型
  type: ConcreteComponent
  // 父组件实例
  parent: ComponentInternalInstance | null
  // 根组件实例
  root: ComponentInternalInstance
  // 根组件上下文
  appContext: AppContext
  // 在父组件的 Vdom 树中表示该组件的 VNode
  vnode: VNode
  // 父组件更新该 VNode 后的新 VNode
  next: VNode | null
  // 当前组件 Vdom 树的根 VNode
  subTree: VNode
  // 副作用渲染函数
  effect: ReactiveEffect
  // 副作用函数的运行方法传递给调度程序
  update: SchedulerJob
  // 返回 Vdom 树的渲染函数
  render: InternalRenderFunction | null
  // ssr 渲染方法
  ssrRender?: Function | null
  // 保存此组件为其后代提供的值
  provides: Data
  // 保存当前 VNode 的 effect 副作用函数,用于在组件卸载时清理相关 effect 副作用函数
```

```
  scope: EffectScope
  // 缓存代理访问类型,以避免 has Oun Property 调用
  accessCache: Data | null
  // 缓存依赖_ctx 但不需要更新的渲染函数
  renderCache: (Function | VNode)[]
  // 已注册的组件,仅适用于带有 mixin 或 extends 的组件
  components: Record<string, ConcreteComponent> | null
  // 注册指令表
  directives: Record<string, Directive> | null
  // 保存过滤方法
  filters?: Record<string, Function>
  // 保存属性设置
  propsOptions: NormalizedPropsOptions
  // 保存 emit 信息
  emitsOptions: ObjectEmitsOptions | null
  // 是否继承属性
  inheritAttrs?: Boolean
  // 是否自定义属性
  isCE?: Boolean
  // 特定自定义元素的 HMR 方法
  ceReload?: (newStyles?: string[]) => void
  // 组件代理相关
  proxy: ComponentPublicInstance | null
  // 通过 exposed 公开属性
  exposed: Record<string, any> | null
  exposeProxy: Record<string, any> | null
  withProxy: ComponentPublicInstance | null
  ctx: Data
  // 内部状态
  data: Data
  props: Data
  attrs: Data
  slots: InternalSlots
  refs: Data
  emit: EmitFn
  // 收集带 .once 的 emit 事件
  emitted: Record<string, boolean> | null
  // props 默认值
  propsDefaults: Data
  // setup 相关函数状态
  setupState: Data
  devtoolsRawSetupState?: any
  setupContext: SetupContext | null
  // suspense 相关组件
  suspense: SuspenseBoundary | null
  suspenseId: number
  asyncDep: Promise<any> | null
  asyncResolved: boolean
  // 生命周期相关标识
  isMounted: boolean
  isUnmounted: boolean
  isDeactivated: boolean
  // 生命周期钩子函数
  ...
}
```

因组件属性较多,此处进行简单注解以便于读者理解。许多属性在日常开发过程中均可

能涉及，但此处不需要完全记住，对相关属性有了解后，后续若有需要，可以查阅相关文档。

介绍完 interface 属性定义后，继续回到 mountComponent()函数。得到初始化数据后，开始执行 setupComponent()函数，该函数主要初始化 props 和 slots，再执行 setup 和兼容(Vue2)options API 的方法，最终得到 instance 上下文实例。此处简单查看 setupComponent()函数的实现，具体解析将放在 3.4 节中介绍。

setupComponent()代码逻辑如下：

```
export function setupComponent(
  instance: ComponentInternalInstance,
  isSSR = false
) {
  isInSSRComponentSetup = isSSR
  const { props, children, shapeFlag } = instance.vnode;
  // 是否是包含状态的组件
  const isStateful = shapeFlag & ShapeFlags.STATEFUL_COMPONENT;
  // 初始化 Props
  initProps(instance, props, isStateful, isSSR);
  // 初始化 Slots
  initSlots(instance, children);
  // 判断是包含有状态的方法，执行对应逻辑
  const setupResult = isStateful
    ? setupStatefulComponent(instance, isSSR)
    : undefined;
  isInSSRComponentSetup = false
  return setupResult;
}
```

上述代码执行完成后，对于数据的处理包括 instance、props、slots 和 state。继续调用带副作用的 render 函数，在该函数内创建带副作用的渲染函数并保存在 update()方法中，然后调用 update()方法。在 update()方法内根据挂载情况，判断执行挂载或更新逻辑。主要代码逻辑如下：

```
// $ runtime - core_renderer
const setupRenderEffect: SetupRenderEffectFn = (
    instance,
    initialVNode,
    container,
    anchor,
    parentSuspense,
    isSVG,
    optimized
  ) => {
    const componentUpdateFn = () => {
      if (!instance.isMounted) {
        // 创建
        ...
      } else {
        // 更新
        ...
      }
    }
    // 渲染时创建 effect 副作用函数
    const effect = (instance.effect = new ReactiveEffect(
      componentUpdateFn,
      () => queueJob(instance.update),
```

```
      instance.scope // 在组件的影响范围内跟踪它
    ))
    const update = (instance.update = effect.run.bind(effect) as SchedulerJob)
    update.id = instance.uid
    // allowRecurse
    // 组件渲染 effect 应该允许递归更新
    toggleRecurse(instance, true)
    // 执行 update()
    update()
  }
```

setupRenderEffect()函数内保存 effect 副作用函数,整个副作用函数通过 componentUpdateFn()函数实现,完成后将 effect.run 方法绑定到当前上下文的 update()方法上,完成后执行 update()方法,触发 effect 副作用函数的执行(挂载和更新,均会触发)。componentUpdateFn()函数挂载逻辑涉及的代码如下:

```
$ runtime-core_renderer
const componentUpdateFn = () => {
  if (!instance.isMounted) {
    let vnodeHook: VNodeHook | null | undefined
    const { el, props } = initialVNode
    const { bm, m, parent } = instance
    const isAsyncWrapperVNode = isAsyncWrapper(initialVNode)
    toggleRecurse(instance, false)
    // beforeMount 钩子函数
    if (bm) {
      invokeArrayFns(bm)
    }
    // onVnodeBeforeMount
    if (
      !isAsyncWrapperVNode &&
      (vnodeHook = props && props.onVnodeBeforeMount)
    ) {
      invokeVNodeHook(vnodeHook, parent, initialVNode)
    }
    if (
      __COMPAT__ &&
      isCompatEnabled(DeprecationTypes.INSTANCE_EVENT_HOOKS, instance)
    ) {
      instance.emit('hook:beforeMount')
    }
    toggleRecurse(instance, true)
    // 服务器端渲染处理
    if (el && hydrateNode) {
      const hydrateSubTree = () => {
        instance.subTree = renderComponentRoot(instance)
        hydrateNode!(
          el as Node,
          instance.subTree,
          instance,
          parentSuspense,
          null
        )
      }
      // 服务器端渲染不用将渲染调用移到异步回调中,因为在服务器端只调用一次,后续不会触发更改
      if (isAsyncWrapperVNode) {
```

```
      ;(initialVNode.type as ComponentOptions).__asyncLoader!().then(
        () => !instance.isUnmounted && hydrateSubTree()
      )
    } else {
      hydrateSubTree()
    }
  } else {
    // 渲染子树
    const subTree = (instance.subTree = renderComponentRoot(instance))
    // patch 子树
    patch(
      null,
      subTree,
      container,
      anchor,
      instance,
      parentSuspense,
      isSVG
    )
    initialVNode.el = subTree.el
  }
  // mounted 钩子函数
  if (m) {
    queuePostRenderEffect(m, parentSuspense)
  }
  // onVnodeMounted
  if (
    !isAsyncWrapperVNode &&
    (vnodeHook = props && props.onVnodeMounted)
  ) {
    const scopedInitialVNode = initialVNode
    queuePostRenderEffect(
      () => invokeVNodeHook(vnodeHook!, parent, scopedInitialVNode),
      parentSuspense
    )
  }
  if (
    __COMPAT__ &&
    isCompatEnabled(DeprecationTypes.INSTANCE_EVENT_HOOKS, instance)
  ) {
    queuePostRenderEffect(
      () => instance.emit('hook:mounted'),
      parentSuspense
    )
  }
  // 处理钩子函数
  if (initialVNode.shapeFlag & ShapeFlags.COMPONENT_SHOULD_KEEP_ALIVE) {
    instance.a && queuePostRenderEffect(instance.a, parentSuspense)
    if (
      __COMPAT__ &&
      isCompatEnabled(DeprecationTypes.INSTANCE_EVENT_HOOKS, instance)
    ) {
      queuePostRenderEffect(
        () => instance.emit('hook:activated'),
        parentSuspense
      )
    }
```

```
    }
    // 标识为已挂载
    instance.isMounted = true
    // 仅挂载对象参数以防止内存泄漏
    initialVNode = container = anchor = null as any
  }
}
```

ComponentUpdateFn()函数内部主要涉及挂载和更新流程，对挂载逻辑进一步分析可以看到，虽然上述代码较多，但是大部分在处理回调钩子函数。挂载流程实际上主要分为两个步骤：

(1) 渲染组件子树；

(2) patch 子树。

渲染组件子树时，主要涉及 renderComponentRoot()函数，根据代码执行逻辑找到该函数的实现。该函数位于 $runtime-core_componentRenderUtils 文件内。renderComponentRoot()函数接收一个 instance 作为参数，返回渲染结果(根组件的 VNode)。了解该函数的作用后，再深入查看对应的实现逻辑，主要代码如下：

```
export function renderComponentRoot(
  instance: ComponentInternalInstance
): VNode {
  const {
    ...
  } = instance
  let result
  let fallthroughAttrs
  const prev = setCurrentRenderingInstance(instance)
  try {
    // 如果 vnode 组件是有状态组件
    if (vnode.shapeFlag & ShapeFlags.STATEFUL_COMPONENT) {
      // withProxy 只适用于在'with'作用域下运行时编译的渲染函数
      const proxyToUse = withProxy || proxy
      result = normalizeVNode(
        render!.call(
          proxyToUse,
          proxyToUse!,
          renderCache,
          props,
          setupState,
          data,
          ctx
        )
      )
      fallthroughAttrs = attrs
    } else {
      const render = Component as FunctionalComponent
      // 直接合并 props、slot、attrs 和 emit 即可
      result = normalizeVNode(
        render.length > 1
          ? render(
              props,
              { attrs, slots, emit }
            )
          : render(props, null as any /* we know it doesn't need it */)
```

```
      )
      fallthroughAttrs = Component.props
        ? attrs
        : getFunctionalFallthrough(attrs)
    }
  } catch (err) {
    blockStack.length = 0
    handleError(err, instance, ErrorCodes.RENDER_FUNCTION)
    result = createVNode(Comment)
  }
  // 在开发模式下属性合并注释被保留,可以在根元素旁边添加注释,使其成为一个片段
  let root = result
  let setRoot: ((root: VNode) => void) | undefined = undefined
  if (fallthroughAttrs && inheritAttrs !== false) {
    const keys = Object.keys(fallthroughAttrs)
    const { shapeFlag } = root
    if (keys.length) {
      //如果是元素或组件类型
      if (shapeFlag & (ShapeFlags.ELEMENT | ShapeFlags.COMPONENT)) {
        if (propsOptions && keys.some(isModelListener)) {
          // 如果 v-model 监听属性和 props 属性相同,则优先使用 v-model 处理
          fallthroughAttrs = filterModelListeners(
            fallthroughAttrs,
            propsOptions
          )
        }
        root = cloneVNode(root, fallthroughAttrs)
      }
    }
  }
  // 合并处理当前节点和 props 传递的 class 和 style 内容
  if (
    __COMPAT__ &&
    isCompatEnabled(DeprecationTypes.INSTANCE_ATTRS_CLASS_STYLE, instance) &&
    vnode.shapeFlag & ShapeFlags.STATEFUL_COMPONENT &&
    root.shapeFlag & (ShapeFlags.ELEMENT | ShapeFlags.COMPONENT)
  ) {
    const { class: cls, style } = vnode.props || {}
    if (cls || style) {
      root = cloneVNode(root, {
        class: cls,
        style: style
      })
    }
  }
  // 继承指令
  if (vnode.dirs) {
    root.dirs = root.dirs ? root.dirs.concat(vnode.dirs) : vnode.dirs
  }
  // 继承过渡数据
  if (vnode.transition) {
    root.transition = vnode.transition
  }
  result = root
  setCurrentRenderingInstance(prev)
  return result
}
```

注：此处的 render 渲染函数是组件的渲染函数，用于将 template 转换为 VNode 使用，并非 3.3.1 节中的 render 分发函数。

上述代码的核心是调用 instance 的 render 方法进行处理，通过调用 render 渲染函数完成转换过程得到 VNode 后，将执行第(2)步 patch 子树。

3.3.5 patch 子树

patch 子树的作用是将 VNode 通过递归的方式挂载为 VNode Tree 并转换为渲染函数的过程。在转换过程中，会根据子树的类型进行 patch 分发，调用不同的逻辑渲染。关于 patch 函数的具体实现，将会在 4.2 节着重介绍。

在完成 patch 子树步骤后，会再次调用 patch 函数，此时将会得到根组件的真实 DOM 节点，即 id = "root" 的 div 元素。根据传入的类型可知，本次 patch 函数将会分发到 processElement()函数内。该函数主要根据判断结果，执行对元素的挂载或更新。具体代码逻辑如下：

```
// $ runtime-core_renderer
const processElement = (...) => {
  isSVG = isSVG || (n2.type as string) === 'svg'
  if (n1 == null) {
    // 挂载元素
    mountElement(...)
  } else {
    // 更新元素
    patchElement(...)
  }
}
```

此处为首次渲染，会通过 mountElement()函数对节点元素进行挂载，涉及代码逻辑如下：

```
const mountElement = (
  vnode: VNode,
  container: RendererElement,
  anchor: RendererNode | null,
  parentComponent: ComponentInternalInstance | null,
  parentSuspense: SuspenseBoundary | null,
  isSVG: boolean,
  slotScopeIds: string[] | null,
  optimized: boolean
) => {
  let el: RendererElement;
  let vnodeHook: VNodeHook | undefined | null;
  const {
    type,
    props,
    shapeFlag,
    transition,
    patchFlag,
    dirs,
  } = vnode;
  // 判断 VNode 是否属于静态标识
  if (
    !__DEV__ &&
    vnode.el &&
```

```
    hostCloneNode !== undefined &&
    patchFlag === PatchFlags.HOISTED
  ) {
    // 如果一个 vnode 有非空的 el,则意味着正在被重用.只有静态的 vnode 可以被重用,所以挂载的
    // DOM 节点应该是完全相同的,并且只在生产环境使用
    el = vnode.el = hostCloneNode(vnode.el)
  } else {
      el = vnode.el = hostCreateElement(
        vnode.type as string,
        isSVG,
        props && props.is,
        props
      );
      // 文本节点的 children
      if (shapeFlag & ShapeFlags.TEXT_CHILDREN) {
        // 如果是文本类型的子节点,则直接设置子节点的内容
        hostSetElementText(el, vnode.children as string);
      } else if (shapeFlag & ShapeFlags.ARRAY_CHILDREN) {
        // 数组型的 children
        mountChildren(
          vnode.children as VNodeArrayChildren,
          el,
          null,
          parentComponent,
          parentSuspense,
          isSVG && type !== "foreignObject",
          slotScopeIds,
          optimized
        );
      }
      if (dirs) {
        invokeDirectiveHook(vnode, null, parentComponent, 'created')
      }
      // 设置 props
      if (props) {
        for (const key in props) {
          if (key !== 'value' && !isReservedProp(key)) {
            hostPatchProp(
              el,
              key,
              null,
              props[key],
              isSVG,
              vnode.children as VNode[],
              parentComponent,
              parentSuspense,
              unmountChildren
            );
          }
        }
        if ('value' in props) {
          hostPatchProp(el, 'value', null, props.value)
        }
        if ((vnodeHook = props.onVnodeBeforeMount)) {
          invokeVNodeHook(vnodeHook, parentComponent, vnode)
        }
      }
```

```
      // 触发钩子函数
      if (dirs) {
        invokeDirectiveHook(vnode, null, parentComponent, 'beforeMount')
      }
      // 设置 scopeId
      setScopeId(el, vnode, vnode.scopeId, slotScopeIds, parentComponent)
    }
    // 判断组件需要触发 transition 的钩子函数
    const needCallTransitionHooks =
      (!parentSuspense || (parentSuspense && !parentSuspense.pendingBranch)) &&
      transition &&
      !transition.persisted
    // 如果涉及动画触发,则触发 beforeEnter
    if (needCallTransitionHooks) {
      transition!.beforeEnter(el)
    }
    // 插入容器元素中
    hostInsert(el, container, anchor)
    if (
      (vnodeHook = props && props.onVnodeMounted) ||
      needCallTransitionHooks ||
      dirs
    ) {
      // 元素插入完成,需触发 transition 的 enter 效果
      queuePostRenderEffect(() => {
        vnodeHook && invokeVNodeHook(vnodeHook, parentComponent, vnode)
        needCallTransitionHooks && transition!.enter(el)
        dirs && invokeDirectiveHook(vnode, null, parentComponent, 'mounted')
      }, parentSuspense)
    }
  }
```

上述代码的主要逻辑如下：

(1) 创建 el 元素；

(2) 根据 children 类型，处理子节点；

(3) 处理 props；

(4) 将元素插入 DOM 节点内。

mountElement()函数内的其他流程逻辑都较为清晰和简单，下面简单介绍 mountChildren()函数的实现。该函数内部通过循环判断 children 数组，直接调用 patch 函数递归挂载组件，具体代码实现逻辑如下：

```
const mountChildren: MountChildrenFn = (
  children,
  container,
  anchor,
  parentComponent,
  parentSuspense,
  isSVG,
  slotScopeIds,
  optimized,
  start = 0
) => {
  for (let i = start; i < children.length; i++) {
    // 标准化 VNode
    const child = (children[i] = optimized
```

```
          ? cloneIfMounted(children[i] as VNode)
          : normalizeVNode(children[i]))
      // 直接调用 patch()
      patch(
        null,
        child,
        container,
        anchor,
        parentComponent,
        parentSuspense,
        isSVG,
        slotScopeIds,
        optimized
      );
    }
  };
```

完成渲染后，会返回 mount 并执行重写 mount 的方法，将元素挂载到页面上。整个 mount 方法挂载流程如图 3.9 所示。

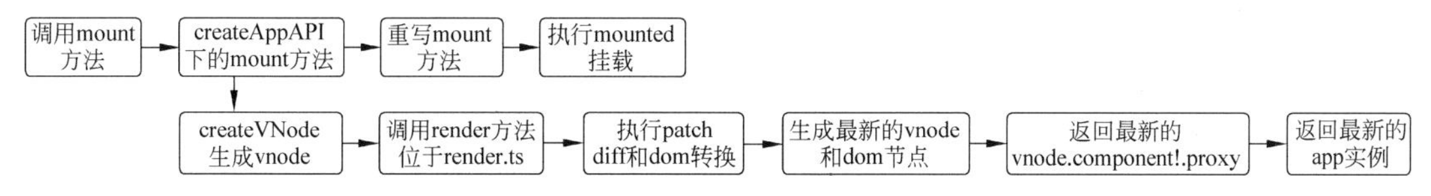

图 3.9 mount 方法挂载流程

3.3.6 总结

整个 mounted 挂载过程介绍完成。通过本节的学习，可对 Vue3 中整个 mounted 实现过程有深入的认识。本节内涉及的函数较多，函数内实现代码逻辑较多，可以结合流程图帮助理解流程。本节通过重写 mount 方法，将核心的处理流程和平台的 API 进行分离，通过重写的方法巧妙地将平台方法和核心方法分离，该写法使得核心方法不局限于 Web 端，可进行多端扩展。该方法和技巧值得学习，可根据实际情况应用到自身项目内。

3.4 setup 函数

setup 函数涉及文件路径如表 3.3 所示。

表 3.3 setup 函数涉及文件路径

名　　称	简 写 路 径	文 件 路 径
mountComponent	$ runtime-core_render	$ root/package/runtime-core/src/render. ts
setupComponent	$ runtime-core_components	$ root/package/runtime-core/src/component. ts
PublicInstanceProxyHandlers	$ runtime-core_componentPublicInstance	$ root/package/runtime-core/src/componentPublicInstance. ts
createSetupContext	$ runtime-core_components	$ root/package/runtime-core/src/component. ts
reactivity/src/ref. ts	$ reactivity_ref	$ root/package/reactivity/ref. ts
finishComponentSetup	$ runtime-core_Component	$ root/packages/runtime-core/src/component. ts

3.4.1 涉及文件

setup 函数是 Vue3 新推出的函数，该函数将用来承载 composition API，同时替代 beforeCreated 和 created 生命周期函数。Vue3 内大多数方法和函数均可以在该函数内使用。该函数仅会在组件启动的时候执行一次，内部会执行初始化，并确认组件与视图的数据、行为和作用。setup 函数作为桥梁存在，连接模板渲染、数据处理和响应式数据监听。

3.4.2 mountComponent()函数

在前面介绍 mounted 挂载执行逻辑时，提到内部将会触发 setupComponent()函数，在该函数内创建好 instance 后，将启动 setup 处理内部暴露和声明的内容。setup 处理代码位于 $ runtime-core_render 文件的 mountComponent()函数内。对应代码片段如下：

```
// $ runtime - core_render
// 创建组件实例
const instance: ComponentInternalInstance =
  compatMountInstance ||
(initialVNode.component = createComponentInstance(
  initialVNode,
  parentComponent,
  parentSuspense
));
// 启动组件
setupComponent(instance);
// 启动带副作用的 render 函数
setupRenderEffect(
  instance,
  initialVNode,
  container,
  anchor,
  parentSuspense,
  isSVG,
  optimized
);
```

3.4.3 setupComponent()函数

根据上述代码逻辑，创建组件实例完成后将调用 setupComponent()函数，该函数位于 $ runtime-core_components 文件内，函数实现逻辑如下：

```
// $ runtime - core_components
export function setupComponent(
  instance: ComponentInternalInstance,
  isSSR = false
) {
  isInSSRComponentSetup = isSSR
  const { props, children } = instance.vnode
  const isStateful = isStatefulComponent(instance)
  // 初始化 props
  initProps(instance, props, isStateful, isSSR)
  // 初始化插槽
  initSlots(instance, children)
  // 执行 setup
  const setupResult = isStateful
```

```
    ? setupStatefulComponent(instance, isSSR)
    : undefined
  isInSSRComponentSetup = false
  // 返回 setup 执行结果
  return setupResult
}
```

该函数的主要逻辑如下：

（1）初始化 props；

（2）初始化插槽 slot；

（3）根据条件判断是否为带状态的组件选择是否执行 setup；

（4）返回 setup 执行结果。

根据判断条件可知，核心方法是 setupStatefulComponent()，此处暂不介绍 props 和 slot 的初始化方法，直接在当前文件内查看 setupStatefulComponent()函数的实现。主要代码逻辑如下：

```
// $ runtime-core_components
function setupStatefulComponent(
  instance: ComponentInternalInstance,
  isSSR: boolean
) {
  const Component = instance.type as ComponentOptions
  // 初始化缓存
  instance.accessCache = Object.create(null)
  // 创建组件的渲染上下文代理
  instance.proxy = markRaw(new Proxy(instance.ctx, PublicInstanceProxyHandlers))
  // 调用 setup
  const { setup } = Component
  if (setup) {
    // 按需创建 setup 第二个参数
    const setupContext = (instance.setupContext =
      setup.length > 1 ? createSetupContext(instance) : null)
    // 设置当前组件实例
    setCurrentInstance(instance)
    pauseTracking()
    // 调用 setup
    const setupResult = callWithErrorHandling(
      setup,
      instance,
      ErrorCodes.SETUP_FUNCTION,
      [__DEV__ ? shallowReadonly(instance.props) : instance.props, setupContext]
    )
    resetTracking()
    unsetCurrentInstance()
    // 处理 setup 的执行结果
    if (isPromise(setupResult)) {
      setupResult.then(unsetCurrentInstance, unsetCurrentInstance)
      if (isSSR) {
        // 在 ssr(服务器端渲染)环境下，等待 promise 返回再处理 setup 的执行结果
        return setupResult.then((resolvedResult: unknown) => {
          handleSetupResult(instance, resolvedResult, isSSR)
        })
        .catch(e => {
          handleError(e, instance, ErrorCodes.SETUP_FUNCTION)
        })
      } else if (__FEATURE_SUSPENSE__) {
```

```
        // 保存异步依赖
        instance.asyncDep = setupResult
      }
    } else {
      // 更详细地处理 setup 执行结果
      handleSetupResult(instance, setupResult, isSSR)
    }
  } else {
    // 完成组件启动的后续工作
    finishComponentSetup(instance, isSSR)
  }
}
```

该函数的主要逻辑如下：

(1) 初始化代理缓存；

(2) 创建渲染上下文代理；

(3) 调用 setup 函数；

(4) 处理 setup 函数执行结果；

(5) 完成组件启动。

3.4.4 初始化代理上下文

通过 Proxy 创建代理上下文，Proxy 对象是 ES6 新增加的属性，主要用于创建一个对象的代理。该对象不支持 IE11 以下的浏览器，因此 Vue3 将不兼容老浏览器。使用该对象可以无损害地劫持对象的部分属性，并重写该属性，达到数据动态监听的目的，同时也是响应式数据的核心。

根据 Proxy 语法要求，传入两个参数：target 和 handler。其中 target 是需要被代理的对象，handler 主要是重写或自定义拦截函数，达到拦截 target 对象并且实现自定义逻辑的目的。具体写法如下：

```
const p = new Proxy(target, handler)
```

简单介绍完 Proxy 语法后，查看其具体实现，涉及代码如下：

```
instance.proxy = markRaw(new Proxy(instance.ctx, PublicInstanceProxyHandlers))
```

被代理对象是 instance.ctx，传入的拦截函数是 PublicInstanceProxyHandlers()。该函数位于 $runtime-core_componentPublicInstance 文件内，内部实现代码较多，核心逻辑主要实现了 get、set、has 方法的监听，核心代码如下：

```
// $runtime-core_componentPublicInstance
export const PublicInstanceProxyHandlers: ProxyHandler<any> = {
  get({ _: instance }: ComponentRenderContext, key: string) { … }
  set(
    { _: instance }: ComponentRenderContext,
    key: string,
    value: any
  ): boolean { … }
  has(
      {
        _: { data, setupState, accessCache, ctx, appContext, propsOptions }
      }: ComponentRenderContext,
      key: string
  ) { … }
}
```

3.4.5 get 方法

该方法内需要传入 instance 上下文和需要获取的 key 值。若 key 值不是以 $ 开头，则根据 key 值判断是否缓存在 accessCache 中，若存在，则根据 setup、data、ctx 和 props 的顺序查询对应值并返回，若不存在则进一步判断。

```
let normalizedProps
if (key[0] !== '$ ') {
  const n = accessCache![key]
  if (n !== undefined) {
    switch (n) {
      case AccessTypes.SETUP:
        return setupState[key]
      case AccessTypes.DATA:
        return data[key]
      case AccessTypes.CONTEXT:
        return ctx[key]
      case AccessTypes.PROPS:
        return props![key]
      // default: just fallthrough
    }
  }
  ...
}
```

根据同样的顺序判断 setup、data、props 和 ctx 对象上的属性是否有值，若存在则直接返回，若不存在则开始全局扫描。

```
else if (setupState !== EMPTY_OBJ && hasOwn(setupState, key)) {
  accessCache![key] = AccessTypes.SETUP
  return setupState[key]
} else if (data !== EMPTY_OBJ && hasOwn(data, key)) {
  accessCache![key] = AccessTypes.DATA
  return data[key]
} else if (
  // props
  (normalizedProps = instance.propsOptions[0]) &&
  hasOwn(normalizedProps, key)
) {
  accessCache![key] = AccessTypes.PROPS
  return props![key]
} else if (ctx !== EMPTY_OBJ && hasOwn(ctx, key)) {
  accessCache![key] = AccessTypes.CONTEXT
  return ctx[key]
} else if (!__FEATURE_OPTIONS_API__ || shouldCacheAccess) {
  accessCache![key] = AccessTypes.OTHER
}
```

若在缓存内未找到对应 key，则开始遍历使用 $ 表示的公开属性并执行对应的逻辑。在介绍内部实现前，先查看以 $ 开头的公开属性：

```
export const publicPropertiesMap: PublicPropertiesMap = extend(
  Object.create(null),
  {
    $ : i => i,
    $ el: i => i.vnode.el,
```

```
    $ data: i => i.data,
    $ props: i => (__DEV__ ? shallowReadonly(i.props) : i.props),
    $ attrs: i => (__DEV__ ? shallowReadonly(i.attrs) : i.attrs),
    $ slots: i => (__DEV__ ? shallowReadonly(i.slots) : i.slots),
    $ refs: i => (__DEV__ ? shallowReadonly(i.refs) : i.refs),
    $ parent: i => getPublicInstance(i.parent),
    $ root: i => getPublicInstance(i.root),
    $ emit: i => i.emit,
    $ options: i => (__FEATURE_OPTIONS_API__ ? resolveMergedOptions(i) : i.type),
    $ forceUpdate: i => () => queueJob(i.update),
    $ nextTick: i => nextTick.bind(i.proxy!),
    $ watch: i => (__FEATURE_OPTIONS_API__ ? instanceWatch.bind(i) : NOOP)
  } as PublicPropertiesMap
)
```

publicPropertiesMap 对象定义公开的内部属性,涉及常见的 $ el、$ data 等。

若为公开属性,并且是 $ attrs,则调用 track 收集依赖;若是 css module,则暂时不处理,直接返回;若是用户自定义的以 $ 开头的属性,则查询上下文 ctx 并返回;若是全局属性,则查询全局对象并返回。

此处最核心的地方是使用 track 进行依赖的收集,具体代码实现如下:

```
const publicGetter = publicPropertiesMap[key]
let cssModule, globalProperties
// public $ xxx properties
if (publicGetter) {
if (key === '$ attrs') {
    track(instance, TrackOpTypes.GET, key)
    __DEV__ && markAttrsAccessed()
  }
  return publicGetter(instance)
} else if (
  // css module (injected by vue - loader)
  (cssModule = type.__cssModules) &&
  (cssModule = cssModule[key])
) {
  return cssModule
} else if (ctx !== EMPTY_OBJ && hasOwn(ctx, key)) {
  // user may set custom properties to `this` that start with `$ `
  accessCache![key] = AccessTypes.CONTEXT
  return ctx[key]
} else if (
  // global properties
  ((globalProperties = appContext.config.globalProperties),
  hasOwn(globalProperties, key))
) {
  if (__COMPAT__) {
    const desc = Object.getOwnPropertyDescriptor(globalProperties, key)!
    if (desc.get) {
      return desc.get.call(instance.proxy)
    } else {
      const val = globalProperties[key]
      return isFunction(val) ? val.bind(instance.proxy) : val
    }
  } else {
    return globalProperties[key]
  }
}
```

3.4.6 set 方法

完成 get 方法处理后，继续查看 set 方法的实现。相较于 get 方法，set 方法的内部逻辑判断更加简单，只要判断传入值类型并保存到对应类型属性中即可。具体实现代码如下：

```
set(
  { _: instance }: ComponentRenderContext,
  key: string,
  value: any
): boolean {
  const { data, setupState, ctx } = instance
  if (setupState !== EMPTY_OBJ && hasOwn(setupState, key)) {
    setupState[key] = value
  } else if (data !== EMPTY_OBJ && hasOwn(data, key)) {
    data[key] = value
  } else if (hasOwn(instance.props, key)) {
    __DEV__ &&
      warn(
        `Attempting to mutate prop "${key}". Props are readonly.`,
        instance
      )
    return false
  }
  if (key[0] === '$' && key.slice(1) in instance) {
    __DEV__ &&
      warn(
        `Attempting to mutate public property "${key}". ` +
          `Properties starting with $ are reserved and readonly.`,
        instance
      )
    return false
  } else {
    if (__DEV__ && key in instance.appContext.config.globalProperties) {
      Object.defineProperty(ctx, key, {
        enumerable: true,
        configurable: true,
        value
      })
    } else {
      ctx[key] = value
    }
  }
  return true
}
```

set 方法解析出 data、setupState 和 ctx 属性，并将 key 的名称与解析出的属性名称进行对比。若相同，则直接保存；若不相同，则判断 key 的名称与 instance 的 props 属性是否相等，若相等则结束 set 方法的执行，并在开发模式下抛出不能修改的警告。

完成上述判断后，若 key 以 $ 开头且名称在 instance 上下文内，则直接返回 false，结束 set 方法执行。若不是以 $ 开头，则进一步判断是否为开发模式且为全局属性，若是则通过 instance.appContext.config.globalProperties 对象保存，并通过 Object.defineProperty 方法实现对应值的响应式监听。

3.4.7 has 方法

完成 set 代码解析后，继续查看 has 方法的实现。只需要判断对应 key 是否有缓存，具体代码如下：

```
has(
  {
    _: { data, setupState, accessCache, ctx, appContext, propsOptions }
  }: ComponentRenderContext,
  key: string
) {
  let normalizedProps
  return (
    accessCache![key] !== undefined ||
    (data !== EMPTY_OBJ && hasOwn(data, key)) ||
    (setupState !== EMPTY_OBJ && hasOwn(setupState, key)) ||
    ((normalizedProps = propsOptions[0]) && hasOwn(normalizedProps, key)) ||
    hasOwn(ctx, key) ||
    hasOwn(publicPropertiesMap, key) ||
    hasOwn(appContext.config.globalProperties, key)
  )
}
```

3.4.8 调用 setup 函数

完成代理创建后，开始调用 setup 函数。获取到 setup 函数后，根据 setup 的值判断是否有第二个值传入，若有则调用 createSetupContext()函数初始化，若没有则直接返回 null。createSetupContext()函数简化后的代码如下：

```
// $ runtime-core_components
export function createSetupContext(
  instance: ComponentInternalInstance
): SetupContext {
  const expose: SetupContext['expose'] = exposed => {
    instance.exposed = exposed || {}
  }
  return {
    get attrs() {
      return attrs || (attrs = createAttrsProxy(instance))
    },
    slots: instance.slots,
    emit: instance.emit,
    expose
  }
}
```

该方法返回 4 个属性，分别为 attrs、slots、emit 和 expose。所以 setup 的 ctx 上只能获取到这 4 个属性。

完成 ctx 的处理后开始执行 setup 函数，通过 callWithErrorHandling 函数包裹执行，方便捕获异步执行时抛出的错误。完成执行后开始处理执行结果 setupResult，判断是否为 promise 对象，若是则执行 then 方法，然后执行 handleSetupResult()函数，将 setupResult 返回值作为参数传入 handleSetupResult()函数；如果不是则直接调用 handleSetupResult()函数将 setupResult 的返回值作为参数传入。

handleSetupResult()函数内部根据传入值判断是函数还是对象。若是函数，则将该函数挂载到 instance. render 上；若是对象，则通过 proxyRefs()函数将对象保存在 instance. setupState 属性中。完成该步骤后，调用 finishComponentSetup()函数处理 setup 完成后的其他步骤。

在查看 finishComponentSetup()函数前，先简单介绍 proxyRefs()函数的内部实现。由函数名称可知，该函数的主要作用是将一个对象变成响应式对象，具体代码如下：

```
// reactivity_ref
export function proxyRefs<T extends object>(
  objectWithRefs: T
): ShallowUnwrapRef<T> {
  return isReactive(objectWithRefs)
    ? objectWithRefs
    : new Proxy(objectWithRefs, shallowUnwrapHandlers)
}
```

如果需要将一个对象变为响应式，那么最核心的方法是使用 new Proxy()实例，与前面介绍的响应式方法实现类似，同样传入 shallowUnwrapHandlers 对象，该对象内部也是通过劫持 set 和 get 方法，并利用 Reflect 内置对象来保存数据。

完成 setup 函数执行后通过 finishComponentSetup()函数处理后续逻辑。在该函数内部处理 render 渲染函数，依次执行如下步骤。

(1) 获取 render 属性值；

(2) 判断运行环境是否为 SSR，若不是则进一步判断；

(3) 是否有 complie()函数，是否有 template 字段，是否无 render 渲染函数，该逻辑主要判断当前 VNode 是否需要将 template 模板字符串转换为 render 渲染函数，对于完整版的 Vue3，会在此处注入 complie()转换函数，执行 template 模板字符串的渲染。在 7.1 节将着重介绍 complie 的注入逻辑，介绍 template 模板字符串到 render 渲染函数的转换。

上述判断完成后，将 template 模板转换为 VNode 树，再转换为 html DOM 树，主要逻辑为：

(1) 获取 template；

(2) 根据当前上下文的设置，合并 options；

(3) 调用 compile 函数，将模板编译为 render 渲染函数。

render 函数内主要处理页面渲染模板的转换，将 template 模板转换为对应的 VNode，再将 VNode 转换为对应的 DOM 树。完成后判断是否有_rc 属性，重新调用 proxy 实现 ctx 的代理函数，并且判断是否为 2. x 版本，通过 applyOptins 处理 instance，兼容 Vue2 的语法。

3.4.9 finishComponentSetup()函数

finishComponentSetup()函数内执行 render 渲染逻辑，将 VNode 转换为真实 DOM 结构，并将转换完成的 DOM 节点挂载到根节点上。

finishComponentSetup()函数逻辑如下：

```
// $ runtime-core_component
export function finishComponentSetup(
  instance: ComponentInternalInstance,
  isSSR: boolean,
  skipOptions?: boolean
) {
```

```
const Component = instance.type as ComponentOptions
if (__COMPAT__) {
  convertLegacyRenderFn(instance)
}
if (!instance.render) {
  // SSR 的实时编译由服务器端渲染器完成
  // 若 compile 存在,且没有 render 渲染函数,在不是 SSR 的情况下开始模板编译
  if (!isSSR && compile && !Component.render) {
    const template =
      (__COMPAT__ &&
        instance.vnode.props &&
        instance.vnode.props['inline-template']) ||
      Component.template
    if (template) {
      // 判断是否为自定义元素,和渲染属性设置进行合并
      const { isCustomElement, compilerOptions } = instance.appContext.config
      const { delimiters, compilerOptions: componentCompilerOptions } =
        Component
      const finalCompilerOptions: CompilerOptions = extend(
        extend(
          {
            isCustomElement,
            delimiters
          },
          compilerOptions
        ),
        componentCompilerOptions
      )
      if (__COMPAT__) {
        // 将兼容属性传入 compiler
        finalCompilerOptions.compatConfig = Object.create(globalCompatConfig)
        if (Component.compatConfig) {
          extend(finalCompilerOptions.compatConfig, Component.compatConfig)
        }
      }
      // 生成渲染函数
      Component.render = compile(template, finalCompilerOptions)
    }
  }
  instance.render = (Component.render || NOOP) as InternalRenderFunction
  // 兼容使用'with'作用域的在运行时进行编译的渲染函数
  if (installWithProxy) {
    installWithProxy(instance)
  }
}
// 兼容 2.x 版本属性
if (__FEATURE_OPTIONS_API__ && !(__COMPAT__ && skipOptions)) {
  setCurrentInstance(instance)
  pauseTracking()
  applyOptions(instance)
  resetTracking()
  unsetCurrentInstance()
}
}
```

得到 render 渲染函数后,使用该 render 函数进行渲染。继续回到 mountComponent 函数逻辑内,完成 setupComponent 函数后,通过 setupRenderEffect 函数启动带副作用的 render

函数。这里之所以叫带副作用的 render 函数，是因为 effect 副作用函数在此处传入，具体代码如下：

```
const setupRenderEffect: SetupRenderEffectFn = (
    instance,
    initialVNode,
    container,
    anchor,
    parentSuspense,
    isSVG,
    optimized
  ) => {
    const componentUpdateFn = () => {
      if (!instance.isMounted) {
        // 创建
        ...
      } else {
        // 更新
        ...
      }
    }
    // 渲染时创建 effect 副作用函数
    const effect = (instance.effect = new ReactiveEffect(
      componentUpdateFn,
      () => queueJob(instance.update),
      instance.scope        // 在组件的影响范围内跟踪它
    ))
    const update = (instance.update = effect.run.bind(effect) as SchedulerJob)
    update.id = instance.uid
    // allowRecurse
    // 组件渲染 effects 应该允许递归更新
    toggleRecurse(instance, true)
    // 执行 update
    update()
  }
```

此步骤与 effect 副作用函数关联，整个代码的执行逻辑也基本清晰。在 mounted 挂载的时候，effect 副作用函数会调用 update 方法，触发内部的 effect 副作用函数执行，该函数在组件挂载和更新的时候均会执行。

如果引入的 Vue3 不是 runtime 版本，则会在此处对 compile 函数进行注入。以函数注入的方式进行挂载，可以更加优雅地完成模板渲染和 runtime-core 核心逻辑的解构。

3.4.10 总结

完成该函数的解析后，整个 setup 执行步骤即处理完成。由分析结果可知，该函数主要处理不同类型的情况，执行 setup 函数后，再调用渲染函数，将模板转换为 render 对象内容，以备后续使用。setup 函数内使用了许多优化措施，包括通过 accessCache 缓存已挂载数据，加快已处理数据取值；根据 setup 传入参数个数动态创建 setupContext。通过 proxy 对象，解决 Vue2 遗留的响应式数据问题的操作。

本节对响应式数据的依赖收集 track 和派发更新 trigger 做了简单介绍。通过对本节的学习，读者应该对 Vue3 整个执行和渲染逻辑有了全面的了解。此处介绍的也是整个 Vue3 最核心的地方，后续大部分章节将围绕该流程进行更加深入的展开。在后面的学习中可以参考本节的实现逻辑。比如最核心的 diff 其实就是对比新旧 VNode 的过程,响应式数据就是通过 new proxy 实例,劫持 get、set 和 has 等方法,实现依赖收集(track)和派发更新(trigger)的过程,调用过程如图 3.10 所示。

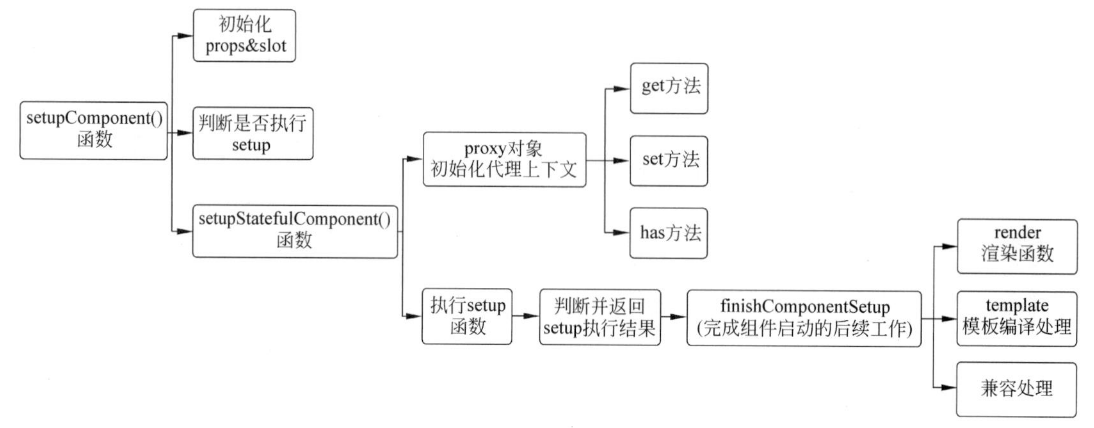

图 3.10 调用过程

3.5 update 方法

介绍完 app 初始化和 mounted 挂载流程后,本节介绍 Vue3 内执行 update 的整体流程。在 Vue3 中引入 VNode 来处理虚拟 DOM 结构到真实 DOM 树之间的关系。update 方法是通过对比新、旧 VNode 树的变化,找出不一致的地方调用渲染函数,对真实的 DOM 进行局部修改,避免大面积修改页面 DOM,以及页面重绘或回流,提高渲染性能,从而以最小的代价完成页面的操作,更快地完成页面的更新。

3.5.1 涉及文件

update 方法涉及文件路径如表 3.4 所示。

表 3.4 update 方法涉及文件路径

名　　称	简 写 路 径	文 件 路 径
setupRenderEffect	$ runtime-core_render	$ root/packages/runtime-core/src/renderer. ts
updateComponentPreRender	$ runtime-core_render	$ root/packages/runtime-core/src/renderer. ts
updateComponent	$ runtime-core_render	$ root/packages/runtime-core/src/renderer. ts
shouldUpdateComponent	$ runtime-core_componentRenderUtils	$ root/packages/runtime-core/src/componentRenderUtils. ts
processElement	$ runtime-core_renderer	$ root/packages/runtime-core/src/renderer. ts
patchChildren	$ runtime-core_renderer	$ root/packages/runtime-core/src/renderer. ts
patchProps	$ runtime-dom_patchProp	/package/runtime-dom/src/patchProp. ts
patchChildren	$ runtime-core_renderer	$ root/packages/runtime-core/src/renderer. ts

3.5.2 setupRenderEffect()函数

当组件内部状态变化、父组件更新子组件或触发 forceUpdate 时，将触发组件的 update 方法。该方法在组件初始化的时候已经挂载，关于组件对应方法的实现，已经在介绍 render 函数时有过说明。

下面查看组件更新的实现步骤，具体代码逻辑位于 $runtime-core_render.ts 文件内。update 实现代码较多，此处先了解该方法的实现，简化后的代码如下：

```
// $ runtime-core_render
const setupRenderEffect: SetupRenderEffectFn = (
  instance,
  initialVNode,
  container,
  anchor,
  parentSuspense,
  isSVG,
  optimized
) => {
  // 创建执行带副作用的渲染函数并保存在 update 属性中
  instance.update = effect(function componentEffect() {
    if (!instance.isMounted) {
      // 挂载组件
    } else {
      // 组件更新
      // 组件自身发起的更新,next 属性值为 null
      // 父组件发起的更新,next 属性值为当前组件更新后 VNode
      let { next, vnode } = instance;
      let originNext = next;
      if (next) {
        // 如果存在 next,则需要更新组件实例相关信息
        // 修正 instance 和 nextVNode 的指向关系
        // 更新 Props 和 Slots
        updateComponentPreRender(instance, next, optimized);
      } else {
        next = vnode;
      }
      // 渲染新的子树
      const nextTree = renderComponentRoot(instance);
      const prevTree = instance.subTree;
      instance.subTree = nextTree;
      next.el = vnode.el;
      // diff 子树
      patch(
        prevTree,
        nextTree,
        // 排除 teleport 的情况,及时获取父节点
        hostParentNode(prevTree.el!)!,
        // 排除 fragement 情况,及时获取下一个节点
        getNextHostNode(prevTree),
        instance,
        parentSuspense,
        isSVG
      );
      next.el = nextTree.el;
```

```
    }
  }, EffectOptions);
```

上述代码的主要实现逻辑如下：

（1）判断是否为自身执行的更新，若有 next 则代表是父组件发起更新，若无则代表自身触发更新；

（2）修正 instance 和 nextVNode 的指向关系；

（3）渲染子树；

（4）diff 子树。

具体查看该函数内部实现，在修正指向关系时，会调用 updateComponentPreRender()函数，并传入 instance、next 和 optimized 参数。该函数将传入的 next(nextVnode)赋值到 instance 对象的 VNode 上，将 instance 上的 next 设置为 null，以达到修正 instance 属性 VNode 指向的目的。完成后调用 updateProps 和 updateSlots 更新组件的 props 和 slots 对象。

3.5.3 updateComponentPreRender()函数

执行当前 VNode 的 update 方法，具体代码实现如下：

```
// $ runtime-core_render
const updateComponentPreRender = (
    instance: ComponentInternalInstance,
    nextVNode: VNode,
    optimized: boolean
  ) => {
    nextVNode.component = instance
    const prevProps = instance.vnode.props
    instance.vnode = nextVNode
    instance.next = null
    updateProps(instance, nextVNode.props, prevProps, optimized)
    updateSlots(instance, nextVNode.children, optimized)
    pauseTracking()
    // props update may have triggered pre-flush watchers.
    // flush them before the render update.
    flushPreFlushCbs(undefined, instance.update)
    resetTracking()
  }
```

关于 props 和 slot 的 update 方法，将在 8.4 节和 8.5 节详细介绍，此处暂不展开。完成指向关系修正后，继续执行后续逻辑。通过 renderComponentRoot()函数渲染新的子树，使用当前子树(prevTree)和新子树(nextTree)作为参数调用 patch 函数，该函数主要对新旧子树进行对比和判断。patch 完成后，将 next.el 重新赋值给当前实例 next。

```
next.el = nextTree.el
```

在 3.3 节中曾经介绍过 patch 内部主要对不同的类型进行分发，组件 VNode 将执行 processComponent()函数，该函数的内部判断传入的 VNode 是否为 null，判断执行挂载还是更新逻辑，具体实现代码如下：

```
const processComponent = (...) => {   if (n1 == null) {
    // 组件挂载
    mountComponent(...)
  } else {
```

```
    // 组件更新
    updateComponent(n1, n2, optimized)
  }
}
```

3.5.4 updateComponent()函数

updateComponent()函数内部判断是否需要更新，若需要更新则通过异步方式进行更新；若不需要更新则重置实例指向，更新 instance 和 VNode 的关系后结束。具体实现代码如下：

```
// $ runtime-core_render
const updateComponent = (n1: VNode, n2: VNode, optimized: boolean) => {
  const instance = (n2.component = n1.component)!;
  // 组件是否需要更新
  if (shouldUpdateComponent(n1, n2, optimized)) {
    instance.next = n2;
    // 去除异步队列中的子组件,避免重复更新
    invalidateJob(instance.update);
    // 同步执行组件更新
    instance.update();
  } else {
    // 不需要更新,只需要更新 instance 和 VNode 的关系
    n2.component = n1.component;
    n2.el = n1.el;
    instance.vnode = n2;
  }
};
```

注：因当前组件也有可能状态更改，触发更新但是还未执行，因此清理该组件的更新任务。

3.5.5 shouldUpdateComponent()函数

shouldUpdateComponent()函数通过组件 slots 及 props 判断是否执行更新操作，若需要执行更新，则设置组件的 next VNode 并且将异步更新队列中的该组件更新任务清除，以防止重复更新。

下面简单介绍 shouldUpdateComponent()函数的内部实现逻辑，代码如下：

```
// $ runtime-core_componentRenderUtils
export function shouldUpdateComponent(
  prevVNode: VNode,
  nextVNode: VNode,
  optimized?: boolean
): boolean {
  const { props: prevProps, children: prevChildren, component } = prevVNode
  const { props: nextProps, children: nextChildren, patchFlag } = nextVNode
  const emits = component!.emitsOptions
  if (__DEV__ && (prevChildren || nextChildren) && isHmrUpdating) {
    return true
  }
  // 若涉及指令或 transition,则需更新
  if (nextVNode.dirs || nextVNode.transition) {
    return true
  }
// 涉及优化的情况下,根据状态判断是否需要更新
```

```
  if (optimized && patchFlag >= 0) {
    ...
}else{
    ...
}
```

上述代码在有 patchflag 优化的情况下，进一步判断优化类型，涉及动态插槽、props 判断和模板编译阶段优化。具体代码实现如下：

```
if (patchFlag & PatchFlags.DYNAMIC_SLOTS) {
      // 动态插槽情况
      return true;
    }
    if (patchFlag & PatchFlags.FULL_PROPS) {
      // 全量 props 的情况
      if (!prevProps) {
        // 若没有旧 Props,则由新 Props 决定
        return !!nextProps;
      }
      // 若都存在,则查询有无变化
      return hasPropsChanged(prevProps, nextProps!);
    } else if (patchFlag & PatchFlags.PROPS) {
      // 在模板编译阶段优化动态 props
      const dynamicProps = nextVNode.dynamicProps!;
      for (let i = 0; i < dynamicProps.length; i++) {
        const key = dynamicProps[i];
        if (nextProps![key] !== prevProps![key]) {
          return true;
        }
      }
}
```

在不涉及 patchflag 优化的情况下（例如，手动创建 render 函数等），进一步对比是否有更新的情况，若有则直接强制更新，具体代码实现如下：

```
if (prevChildren || nextChildren) {
    if (!nextChildren || !(nextChildren as any).$stable) {
      return true;
    }
  }
  // props 未改变
  if (prevProps === nextProps) {
    return false;
  }
  if (!prevProps) {
    // 没有旧 props ---> 由新 props 决定
    return !!nextProps;
  }
  if (!nextProps) {
    // 存在旧 props ---> 不存在新 props
    return true;
  }
  // 若新旧 props 都存在,则判断是否有变化
  return hasPropsChanged(prevProps, nextProps);
...
return false;
```

以上代码主要介绍 shouldUpdateComponent()函数内部实现，判断 props、slot 等是否需

要更新的情况。根据判断结果继续查看 updateComponent()函数的内部逻辑。若不需要更新则直接调整 VNode 指向,结束代码执行。具体代码实现如下:

```
n2.component = n1.component
n2.el = n1.el
instance.vnode = n2
```

若需要更新则判断是否为 Suspense 类型组件,若是 Suspense 类型组件则调用 updateComponentPreRender()函数,更新 slots 和 props 后异步执行 update 方法;若不是 Suspense 类型组件则直接执行当前实例的 update 方法。

3.5.6 processElement()函数

组件只是某一段具体 DOM 的抽象,经过不同类型的 patch 递归处理后,最后一次进行 diff 的必然是普通元素,因此直接关注普通元素的更新,即可查看整个更新逻辑的完整步骤。在 patch 函数中找到 processElement()逻辑分支,该分支方法实现了普通元素的更新流程,具体代码如下:

```
// $ runtime-core_renderer
const patchElement = (
    n1: VNode,
    n2: VNode,
    parentComponent: ComponentInternalInstance | null,
    parentSuspense: SuspenseBoundary | null,
    isSVG: boolean,
    optimized: boolean
  ) => {
    // 初始化变量
    const el = (n2.el = n1.el!)
    const oldProps = n1.props || EMPTY_OBJ
    const newProps = n2.props || EMPTY_OBJ
    // 更新 props
    patchProps(...)
    // 更新 children
    const areChildrenSVG = isSVG && n2.type !== 'foreignObject'
    patchChildren(...)
  }
```

为更好地查看核心逻辑,上述代码暂时将钩子函数相关的代码以及针对 patchFlags 的优化操作省略,该函数内主要实现如下逻辑:

(1) 更新 props;

(2) 更新 children。

由代码逻辑可知,patchProps 调用的是初始化时传递的 patchProp 函数,位于 $ runtime-dom_patchProp 文件内,主要是针对 class 和 style 以及指令事件等内容进行对比更新,当 props 更新完成后还需要对 children 进行更新。

3.5.7 patchChildren()函数

对 props 和 children 更新完成后就开始对整个 DOM 结构进行更新,此处直接查看 patchChildren()函数的实现代码如下:

```
// $ runtime-core_renderer
const patchChildren: PatchChildrenFn = (
```

```
    n1,
    n2,
    container,
    anchor,
    parentComponent,
    parentSuspense,
    isSVG,
    optimized = false
) => {
    // 初始化变量
    const c1 = n1 && n1.children;
    const prevShapeFlag = n1 ? n1.shapeFlag : 0;
    const c2 = n2.children;
    const { patchFlag, shapeFlag } = n2;
    // children 存在 3 种情况: 文本节点、数组、无 children
    if (shapeFlag & ShapeFlags.TEXT_CHILDREN) {
      // 新 children 文本类型的子节点
      if (prevShapeFlag & ShapeFlags.ARRAY_CHILDREN) {
        // 旧 children 是数组,直接卸载
        unmountChildren(c1 as VNode[], parentComponent, parentSuspense);
      }
      if (c2 !== c1) {
        // 新旧都是文本类型,但是文本内容不相同直接替换
        hostSetElementText(container, c2 as string);
      }
    } else {
      if (prevShapeFlag & ShapeFlags.ARRAY_CHILDREN) {
        // 旧 children 是数组
        if (shapeFlag & ShapeFlags.ARRAY_CHILDREN) {
          // 新 children 是数组
          patchKeyedChildren(
            c1 as VNode[],
            c2 as VNodeArrayChildren,
            container,
            anchor,
            parentComponent,
            parentSuspense,
            isSVG,
            optimized
          );
        } else {
          // 不存在新 children,直接卸载旧 children
          unmountChildren(c1 as VNode[], parentComponent, parentSuspense, true);
        }
      } else {
        // 旧 children 可能是文本或者为空
        // 新 children 可能是数组或者为空
        if (prevShapeFlag & ShapeFlags.TEXT_CHILDREN) {
          // 如果旧 children 是文本类型,那么无论新 children 是哪种类型都需要先清除文本内容
          hostSetElementText(container, "");
        }
        // 此时原 DOM 内容应该为空
        if (shapeFlag & ShapeFlags.ARRAY_CHILDREN) {
          // 如果新 children 为数组,则直接挂载
          mountChildren(
            c2 as VNodeArrayChildren,
            container,
```

```
            anchor,
            parentComponent,
            parentSuspense,
            isSVG,
            optimized
          );
        }
      }
    }
  };
```

创建 VNode 时会对 children 进行标准化处理，在 diff children 的时候可以只考虑 children 的类型为数组、文本和空这 3 种情况。结合代码来看，其中 if 条件的设置也很巧妙，既包含所有情况，又能清晰地拆分出挂载、删除、对比 3 个操作。

满足 diff 条件将会执行 patchKeyedChildren 函数，关于该函数将在 4.3 节中对 diff 算法进行详细介绍。新旧 VNode 的 diff 操作完成后，对映射的 DOM 元素进行调整更新，完成组件的更新步骤。

3.5.8 总结

update 方法执行时，整个执行逻辑与 mount 类似，但在这个过程中将会经历新、旧 VNode 的 diff 过程，找出更新的内容点以最小的代价对 DOM 树进行更新操作。通过对本节的学习，可以掌握 Vue3 内部更新逻辑的处理，帮助读者理解 path 和 diff 的概念。

3.6 unmount 方法

前面介绍了 mount(挂载)方法和 update(更新)方法，本节将介绍 unmount 方法的实现。

3.6.1 涉及文件

unmount 方法涉及文件路径如表 3.5 所示。

表 3.5 unmount 方法涉及文件路径

名　称	简写路径	文件路径
unmount	$ runtime-core_render	$ root/package/runtime-core/src/renderer.ts
unmountChildren	$ runtime-core_render	$ root/package/runtime-core/src/renderer.ts

3.6.2 baseCreateRenderer()函数

unmount 方法同样位于 $ runtime-core_render 文件内，在 baseCreateRenderer()函数内部定义，该函数传入 5 个参数，分别为 vnode、parentComponent、parentSuspense、doRemove 和 optimized，传入参数类型如下：

```
type UnmountFn = (
  vnode: VNode,
  parentComponent: ComponentInternalInstance | null,
  parentSuspense: SuspenseBoundary | null,
  doRemove?: boolean,
  optimized?: boolean
) => void
```

根据传入参数可知,前面 3 个为必传参数,主要涉及 vnode 结构、parentComponent 组件和 parentSuspense 组件。该函数内涉及内容较多,函数内主要涉及逻辑如下:

若涉及 ref 数据,则将其设置为空;

若为 keepalive 缓存组件,则卸载;

若为 component 类型组件,则调用 unmountComponent()函数卸载;

若为 suspense 组件,则卸载;

若为 fragments、array 类型组件,则调用 unmountChildren()函数卸载;

若为 teleport,则在卸载组件的同时卸载子节点;

若为动态子节点,则调用 unmountChildren()函数卸载;

若为 fragment 类型,则调用 unmountChildren()函数卸载;

根据 doRemove 参数判断是否卸载整个 VNode。

上述逻辑根据类型判断待卸载 VNode 类型,并执行不同的卸载逻辑。

3.6.3 ref 数据

判断 VNode 是否有 ref,若有则调用 setRef,传入 null 值,清理该 ref 数据。具体代码实现如下:

```
if (ref != null) {
  setRef(ref, null, parentSuspense, null)
}
```

关于 setRef()的处理,可以在 $runtime-core_rendererTemplateRef 文件中看到具体实现,简单查看该函数的处理流程。

若传入的 ref 为数组类型,则对 ref 进行递归遍历,具体实现代码如下:

```
if (isArray(rawRef)) {
  rawRef.forEach((r, i) =>
    setRef(
      r,
      oldRawRef && (isArray(oldRawRef) ? oldRawRef[i] : oldRawRef),
      parentSuspense,
      vnode,
      isUnmount
    )
  )
  return
}
```

若 VNode 属于异步加载组件,且状态不是卸载,则直接跳过。因为异步组件的引用在内部组件,所以此处直接返回即可。

```
if (isAsyncWrapper(vnode) && !isUnmount) {
    return
}
```

若未传入 VNode,则直接设置 value 为 null,否则判断是否为组件类型,若是组件类型则提取组件的参数,若两者均不是则直接提取 el 参数并设置为 value。具体代码实现如下:

```
const refValue =
  vnode.shapeFlag & ShapeFlags.STATEFUL_COMPONENT
    ? getExposeProxy(vnode.component!) || vnode.component!.proxy
    : vnode.el
const value = isUnmount ? null : refValue
```

完成 value 值设置后，提取 oldRef 和 refs 以及 setup 状态，若存在 oldRef 则需要进行卸载。具体代码实现如下：

```
// unset old ref
if (oldRef != null && oldRef !== ref) {
  if (isString(oldRef)) {
    refs[oldRef] = null
    if (hasOwn(setupState, oldRef)) {
      setupState[oldRef] = null
    }
  } else if (isRef(oldRef)) {
    oldRef.value = null
  }
}
```

获取当前 rawRef 的 ref 属性，判断该属性的类型，如果是非空值，则直接设置为－1，标识卸载；如果是空值，则根据不同类型处理 ref 属性。具体代码实现如下：

```
// 如果是函数，则直接执行
if (isFunction(ref)) {
  callWithErrorHandling(ref, owner, ErrorCodes.FUNCTION_REF, [value, refs])
} else {
  const _isString = isString(ref)
  const _isRef = isRef(ref)
  // 如果是 string 或 Ref 类型
  if (_isString || _isRef) {
    const doSet = () => {
      ...
    }
    if (value) {
      // 如果是非空值，则设置 id 为 - 1(标识卸载)
      ;(doSet as SchedulerJob).id = -1
      queuePostRenderEffect(doSet, parentSuspense)
    } else {
      doSet()
    }
  } else if (__DEV__) {
    warn('Invalid template ref type:', ref, `($ {typeof ref})`)
  }
}
```

如果是字符串类型，则判断是否有 value 值，若有则通过 queuePostRenderEffect()函数排队执行 doSet()函数，若无 value 值则直接执行 doSet()函数。该函数主要设置 refs 内对应的 ref 属性值。具体代码实现如下：

```
const doSet = () => {
  // refInFor 标识
  if (rawRef.f) {
    // 判断 ref 的类型获取值
    const existing = _isString ? refs[ref] : ref.value
    // 如果标识卸载
    if (isUnmount) {
      // 如果是数组，则通过 remove 删除
      isArray(existing) && remove(existing, refValue)
    } else {
      // 如果不是数组
      if (!isArray(existing)) {
```

```
          // 如果是字符串
          if (_isString) {
            refs[ref] = [refValue]
          } else {
            // 如果是其他情况
            ref.value = [refValue]
            // 判断 ref 是否有 key
            if (rawRef.k) refs[rawRef.k] = ref.value
          }
        // 如果是数组但是不包含 refValue 值
        } else if (!existing.includes(refValue)) {
          existing.push(refValue)
        }
      }
    } else if (_isString) { // 如果是字符串类型
      refs[ref] = value
      if (hasOwn(setupState, ref)) {
        setupState[ref] = value
      }
    } else if (isRef(ref)) { // 如果是 ref 类型
      ref.value = value
      if (rawRef.k) refs[rawRef.k] = value
    } else if (__DEV__) { // 无效的 ref 类型
      warn('Invalid template ref type:', ref, `($ {typeof ref})`)
    }
  }
```

该函数根据传入参数来判断是设置 ref 还是清理 ref。若传入的是 null，则对应 value=null，将 ref 值设置为 null，以达到清理 ref 数据的目的。

3.6.4 keepalive 组件

完成 setRef 逻辑后，根据代码执行顺序继续查看后续处理。首先判断是否为 keepalive 组件，若是则在 parentComponent 实例上删除该组件缓存。主要代码如下：

```
if (shapeFlag & ShapeFlags.COMPONENT_SHOULD_KEEP_ALIVE) {
  ;(parentComponent!.ctx as KeepAliveContext).deactivate(vnode)
  return
}
```

deactivate 方法内主要调用 move 函数对元素节点进行移除，完成后调用对应钩子函数即可。涉及代码如下：

```
sharedContext.deactivate = (vnode: VNode) => {
  const instance = vnode.component!
  // 传入 null，进行清理
  move(vnode, storageContainer, null, MoveType.LEAVE, parentSuspense)
  // 通过异步队列的方式进行钩子函数的回调
  queuePostRenderEffect(() => {
    if (instance.da) {
      invokeArrayFns(instance.da)
    }
    const vnodeHook = vnode.props && vnode.props.onVnodeUnmounted
    if (vnodeHook) {
      invokeVNodeHook(vnodeHook, instance.parent, vnode)
    }
    // 标识为卸载状态
```

```
    instance.isDeactivated = true
  }, parentSuspense)
  if (__DEV__ || __FEATURE_PROD_DEVTOOLS__) {
    // Update components tree
    devtoolsComponentAdded(instance)
  }
}
```

keepalive 组件调用 deactivate 卸载 VNode 后，结束 unmount 操作。若不是 keepalive 组件，则进一步判断组件类型。

3.6.5 component 组件

若为 component 类型，则调用 unmountComponent()函数处理，涉及代码如下：

```
if (shapeFlag & ShapeFlags.COMPONENT) {
  unmountComponent(vnode.component!, parentSuspense, doRemove)
} else { … }
```

unmountComponent()函数内包括如下逻辑：

(1) 停止该组件上的 effects 副作用函数执行；

(2) 停止 update 队列并且调用组件卸载函数 unmount；

(3) 将当前组件标记为已卸载；

(4) 处理 suspense 类型组件。

该函数执行完成后，对应组件卸载即完成，主要代码实现如下：

```
const unmountComponent = (
    instance: ComponentInternalInstance,
    parentSuspense: SuspenseBoundary | null,
    doRemove?: boolean
) => {
  const { bum, effects, update, subTree, um } = instance
  // beforeUnmount 钩子函数回调触发
  if (bum) {
    invokeArrayFns(bum)
  }
  // 停止所有副作用函数
  if (effects) {
    for (let i = 0; i < effects.length; i++) {
      stop(effects[i])
    }
  }
  // 如果组件在异步设置之前被卸载，则 update 可能为空
  if (update) {
    stop(update)
    unmount(subTree, instance, parentSuspense, doRemove)
  }
  // unmounted 钩子函数回调
  if (um) {
    queuePostRenderEffect(um, parentSuspense)
  }
  queuePostRenderEffect(() => {
    instance.isUnmounted = true
  }, parentSuspense)
  // 判断 suspense 组件情况，从父 suspense 组件内删除，并且收集的依赖减少 1，如果是最后一个，则
  // 直接执行 resolve 表示结束；如果还有其他 suspense，则忽略
```

```
    if (
      __FEATURE_SUSPENSE__ &&
      parentSuspense &&
      parentSuspense.pendingBranch &&
      !parentSuspense.isUnmounted &&
      instance.asyncDep &&
      !instance.asyncResolved &&
      instance.suspenseId === parentSuspense.pendingId
    ) {
      parentSuspense.deps--
      if (parentSuspense.deps === 0) {
        parentSuspense.resolve()
      }
    }
  }
```

3.6.6 suspense 组件

如果是 suspense 类型组件,则调用 suspense 对象上的 unmount 卸载。

```
if (__FEATURE_SUSPENSE__ && shapeFlag & ShapeFlags.SUSPENSE) {
  vnode.suspense!.unmount(parentSuspense, doRemove)
  return
}
```

3.6.7 telport 组件

完成该处理后继续判断组件是否为 telport 类型,若为 telport 类型组件,则同上述处理,调用 telport 类型的 remove 方法进行卸载。然后根据传入的 doRemove 参数判断是否调用 remove 方法,删除对应 DOM 节点。完成后执行 unmount 钩子函数,涉及代码逻辑如下:

```
if (shapeFlag & ShapeFlags.TELEPORT) {
  (vnode.type as typeof TeleportImpl).remove(
    vnode,
    parentComponent,
    parentSuspense,
    optimized,
    internals,
    doRemove
  )
}
```

3.6.8 动态子组件等

如果是动态子组件,且是特定 fragment 或数组类型,则直接调用 unmountChildren()函数,传入不同参数进行处理,核心代码如下:

```
if (
  dynamicChildren &&
  // #1153: fast path should not be taken for non-stable (v-for) fragments
  (type !== Fragment ||
    (patchFlag > 0 && patchFlag & PatchFlags.STABLE_FRAGMENT))
) {
  // fast path for block nodes: only need to unmount dynamic children.
  unmountChildren(
    dynamicChildren,
```

```
      parentComponent,
      parentSuspense,
      false,
      true
    )
  } else if (
    (type === Fragment &&
      (patchFlag & PatchFlags.KEYED_FRAGMENT ||
        patchFlag & PatchFlags.UNKEYED_FRAGMENT)) ||
    (!optimized && shapeFlag & ShapeFlags.ARRAY_CHILDREN)
  ) {
    unmountChildren(children as VNode[], parentComponent, parentSuspense)
  }
```

在 unmountChildren()函数内，无论是 fragment 或 array 类型，均通过 for 循环逐个调用 unmount 函数卸载。

3.6.9 总结

unmount 函数内部主要针对 VNode 的类型执行不同的卸载逻辑。熟悉本节内容有助于理解组件的卸载对不同类型的处理方法，进一步理解组件的挂载、更新和卸载的整体流程。

第4章 CHAPTER 4 虚拟DOM

本章将深入介绍虚拟DOM的工作逻辑，包括VNode对象的构成、patch方法的实现流程和diff节点的算法。通过对本章的学习，读者可以深入了解虚拟DOM在Vue3中的运行逻辑，理解优化算法的原理。

观看视频速览本章主要内容。

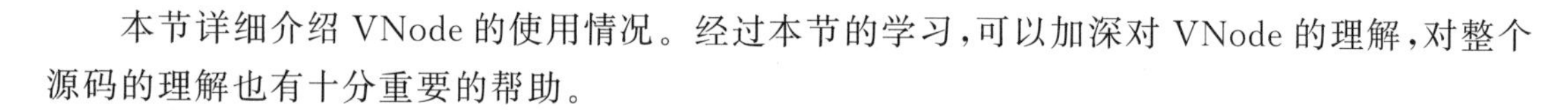

4.1 VNode对象

本节详细介绍VNode的使用情况。经过本节的学习，可以加深对VNode的理解，对整个源码的理解也有十分重要的帮助。

4.1.1 VNode简介

VNode的特点在前面已有介绍。使用对象映射DOM结构后，通过算法减少对DOM操作，达到性能优化的目的。由此可知，VNode对性能提升是有前提的，那就是直接操纵DOM的步骤比经过VNode过滤后处理的DOM更多，才能起到优化的效果。因此在大型应用中，使用VNode方案的优势十分明显，因为DOM操作将损耗更多的性能，通过减少DOM节点的操作，节省性能开销(相对而言，JS操作开销远小于DOM节点操作)。例如，尽量不调整DOM结构便完成节点或数据调整；若必须要操作，则遵循最少操作范围原则，减少浏览器的重绘和回流。

4.1.2 VNode声明

VNode的实质是通过JavaScript对象来抽象描述DOM元素，多个VNode和多个DOM结构相对应，组成完整的虚拟DOM树，达到通过虚拟DOM描述DOM节点的目的。通过虚拟DOM与真实DOM的映射，直接操作JS对象，该方法的性能比操作真实DOM更加高效，而且通过diff算法保证每次对DOM的实际操作是做最小调整。VNode也在前端实现跨平台起到重要的作用，通过VNode可以解析为不同的渲染结构。Vue3内VNode的声明位于$runtime-core-vnode文件内，VNode的声明如下：

```
//$ runtime-core_vnode
export interface VNode<
  HostNode = RendererNode,
  HostElement = RendererElement,
  ExtraProps = { [key: string]: any }
> {
```

```
  /**
   * @internal 是否为 VNode 对象的标识
   */
  __v_isVNode: true
  /**
   * @internal 跳过 reactivity 的标识
   */
  [ReactiveFlags.SKIP]: true
  // VNode 类型标识
  type: VNodeTypes
  // VNode props 属性
  props: (VNodeProps & ExtraProps) | null
  // VNode 的唯一 key
  key: string | number | symbol | null
  ref: VNodeNormalizedRef | null
  scopeId: string | null // SFC only
  // 子 VNode
  children: VNodeNormalizedChildren
  // 对应组件实例
  component: ComponentInternalInstance | null
  dirs: DirectiveBinding[] | null
  transition: TransitionHooks<HostElement> | null
  // DOM
  // VNode 对应元素
  el: HostNode | null
  // 相对锚点
  anchor: HostNode | null              // 锚点片段
  // teleport 组件的渲染目标元素
  target: HostElement | null           // teleport 传送目标
  // teleport 组件的渲染目标元素相对锚点
  targetAnchor: HostNode | null        // 传送目标锚点
  staticCount: number                  // 静态 VNode 中包含的元素个数
suspense: SuspenseBoundary | null      // suspense 组件
  // suspense 组件异步加载内容
  ssContent: VNode | null
  // 占位内容
  ssFallback: VNode | null
  // VNode 优化标识
  shapeFlag: number
  // patch 标识
  patchFlag: number
  // block 优化下的效果:
  // 扁平的动态 props
  dynamicProps: string[] | null
  // 扁平的动态子节点
  dynamicChildren: VNode[] | null
  // 仅应用程序根节点
  // 只有根组件拥有 app 上下文
  appContext: AppContext | null
// 存储 v-memo 缓存数据
  memo?: any[]
  // __COMPAT__ only
  isCompatRoot?: true
  // 自定义元素拦截钩子函数
  ce?: (instance: ComponentInternalInstance) => void
}
```

继续跟踪 VNode 在 Vue3 中的创建。VNode 的创建主要在同目录下的_createVNode()函数内，该函数内实现 VNode 对象的创建，在第 3 章介绍 mount 挂载时，简单介绍过 VNode 的情况，此处查看完整的实现，具体代码如下：

```
export const createVNode = (
  __DEV__ ? createVNodeWithArgsTransform : _createVNode
) as typeof _createVNode
```

4.1.3 _createVNode()函数

由上述代码可以看出，在开发环境下将调用 createVNodeWithArgsTransform()函数输出更多信息，然后调用_createVNode()函数，在生产环境下则直接调用_createVNode()方法。

因整个方法实现代码较长，故对其进行分类介绍，代码涉及的主要步骤如下：

(1) 判断是否 VNode 类型，对其进行复制；

(2) 类组件标准化；

(3) class 和 style 标准化；

(4) 判断 VNode 类型，并计算 shapeFlag 值；

(5) 标准化 suspense 子组件；

(6) 记录当前 VNode 代码块；

(7) 返回 VNode。

上述步骤主要进行组件的初始化和各属性的标准化，完成后返回具体的 VNode 对象，实现代码如下：

```
function _createVNode(
  type: VNodeTypes | ClassComponent | typeof NULL_DYNAMIC_COMPONENT,
  props: (Data & VNodeProps) | null = null,
  children: unknown = null,
  patchFlag: number = 0,
  dynamicProps: string[] | null = null,
  isBlockNode = false
): VNode {
  ...
  // 类和样式标准化
  if (props) {
    // 对于响应式或代理对象,需要克隆它以支持突变.
    props = guardReactiveProps(props)!
    let { class: klass, style } = props
    if (klass && !isString(klass)) {
      props.class = normalizeClass(klass)
    }
    if (isObject(style)) {
      // 代理状态对象需要被克隆,因为它们很可能发生突变
      // mutated
      if (isProxy(style) && !isArray(style)) {
        style = extend({}, style)
      }
      props.style = normalizeStyle(style)
    }
  }
  // 将 VNode 类型信息编码为位,VNode 形态编码,来自枚举类 ShapFlags
  const shapeFlag = isString(type)
    ? ShapeFlags.ELEMENT
```

```
    : __FEATURE_SUSPENSE__ && isSuspense(type)
    ? ShapeFlags.SUSPENSE
    : isTeleport(type)
    ? ShapeFlags.TELEPORT
    : isObject(type)
    ? ShapeFlags.STATEFUL_COMPONENT
    : isFunction(type)
    ? ShapeFlags.FUNCTIONAL_COMPONENT
    : 0
  return createBaseVNode(
    type,
    props,
    children,
    patchFlag,
    dynamicProps,
    shapeFlag,
    isBlockNode,
    true
  )
}
// 创建 VNode
function createBaseVNode(
  type: VNodeTypes | ClassComponent | typeof NULL_DYNAMIC_COMPONENT,
  props: (Data & VNodeProps) | null = null,
  children: unknown = null,
  patchFlag = 0,
  dynamicProps: string[] | null = null,
  shapeFlag = type === Fragment ? 0 : ShapeFlags.ELEMENT,
  isBlockNode = false,
  needFullChildrenNormalization = false
) {
  // 初始化 VNode
  const vnode = {
    __v_isVNode: true,
    __v_skip: true,
    type,
    props,
    key: props && normalizeKey(props),
    ref: props && normalizeRef(props),
    scopeId: currentScopeId,
    slotScopeIds: null,
    children,
    component: null,
    suspense: null,
    ssContent: null,
    ssFallback: null,
    dirs: null,
    transition: null,
    el: null,
    anchor: null,
    target: null,
    targetAnchor: null,
    staticCount: 0,
    shapeFlag,
    patchFlag,
    dynamicProps,
    dynamicChildren: null,
```

```
    appContext: null
  } as VNode
  // 标准化子节点,确定 children 的类型,将 children 标准化为数组、插槽、字符串或 null
  if (needFullChildrenNormalization) {
    normalizeChildren(vnode, children)
    // 标准化 suspense 子节点
    if (__FEATURE_SUSPENSE__ && shapeFlag & ShapeFlags.SUSPENSE) {
      ;(type as typeof SuspenseImpl).normalize(vnode)
    }
  } else if (children) {
    // 编译后的 VNode,如果有子节点,则只可能是字符串或数组类型
    vnode.shapeFlag |= isString(children)
      ? ShapeFlags.TEXT_CHILDREN
      : ShapeFlags.ARRAY_CHILDREN
  }
  // 在块级树中跟踪 VNode
  if (
    isBlockTreeEnabled > 0 &&
    // 避免块节点跟踪自身
    !isBlockNode &&
    // 当前父级块元素
    currentBlock &&
    // patchFlag > 0 表示此节点需要在更新时进行 patch
    // 组件节点也应该被 patch,因为即使组件不需要更新,它也需要将实例持久化到下一个 VNode 上,
    // 以便可以正确卸载它
    (vnode.patchFlag > 0 || shapeFlag & ShapeFlags.COMPONENT) &&
    // EVENTS 标志只用于 hydration,当它是唯一标识时,VNode 被认为不是动态的,无须 patch
    vnode.patchFlag !== PatchFlags.HYDRATE_EVENTS
  ) {
    currentBlock.push(vnode)
  }
  if (__COMPAT__) {
    convertLegacyVModelProps(vnode)
    defineLegacyVNodeProperties(vnode)
  }
  return vnode
}
```

以上是 VNode 的完整创建过程。在创建 VNode 时,涉及 normalizeChildren()函数,该函数在初始化时规范整个子组件的初始化,在操作 VNode 时能够减少判断条件,以便于处理子组件数据。不同的 VNode 类型,其 shapeFlag 为不同的数值,此处涉及位运算,具体将在后面展开介绍。

4.1.4 总结

在 VNode 创建时,主要依赖_createVNode()函数,该函数将会对 VNode 节点进行初始化,以便后续使用 VNode 对象。VNode 对象中的内容可以在 interface 声明处查看,熟悉 VNode 对象将有利于理解后续对 VNode 的操作,此处对 VNode 的格式化等操作也是为规范后续使用,减少条件判断,达到性能优化的目的。

4.2 patch 函数

patch 函数用于分发不同类型的 VNode,根据不同类型判断逻辑,执行不同的函数。本节

介绍每种类型的 VNode 具体的 patch 函数。

4.2.1 patch 介绍

patch 函数位于 $ runtime-core_render 文件内，该函数内部经过简单的数据处理后，开始分发不同的逻辑，包括 Text、Comment、Static、Fragment 和其他类型的处理分支。涉及代码如下：

```
// $ runtime - core_render
const patch: PatchFn = (
  n1,
  n2,
  container,
  anchor = null,
  parentComponent = null,
  parentSuspense = null,
  isSVG = false,
  slotScopeIds = null,
  optimized = __DEV__ && isHmrUpdating ? false : !!n2.dynamicChildren
) => {
  if (n1 === n2) {
    return
  }
  // 判断如果有新的 VNode 并且新的 VNode 和旧的 VNode 类型均不同(代表不是相同的 VNode),则直接
  // 卸载旧的 VNode
  if (n1 && !isSameVNodeType(n1, n2)) {
    // 获取插入的标识位
    anchor = getNextHostNode(n1)
    unmount(n1, parentComponent, parentSuspense, true)
    n1 = null
  }
  // 判断 patchFlags 是否为 BAIL,如果是,则对新的 VNode 做处理
  if (n2.patchFlag === PatchFlags.BAIL) {
    optimized = false
    n2.dynamicChildren = null
  }
  const { type, ref, shapeFlag } = n2
  switch (type) {
    case Text:
      ...
      break
    case Comment:
      ...
      break
    case Static:
      ...
      break
    case Fragment:
      ...
      break
    default:
      if (shapeFlag & ShapeFlags.ELEMENT) {
          ...
      } else if (shapeFlag & ShapeFlags.COMPONENT) {
          ...
      } else if (shapeFlag & ShapeFlags.TELEPORT) {
```

```
        ...
    } else if (__FEATURE_SUSPENSE__ && shapeFlag & ShapeFlags.SUSPENSE) {
        ...
    } else if (__DEV__) {
      warn('Invalid VNode type:', type, `($ {typeof type})`)
    }
  }
  // set ref
  if (ref != null && parentComponent) {
    setRef(ref, n1 && n1.ref, parentSuspense, n2 || n1, !n2)
  }
}
```

由上述代码可知，通过条件语句对不同类型进行分类处理。对 VNode 进行简单比较后，判断是否卸载旧的 VNode；然后判断 patchFlags 是否为 BAIL，若是，则对新 VNode 做处理。具体处理逻辑可对照图 4.1。

下面简单介绍不同类型 VNode 的处理思路。

4.2.2 text 类型

VNode 为 text 类型时，将直接调用 processText 方法把文本插入对应的 DOM。具体实现代码如下：

```
const processText: ProcessTextOrCommentFn = (n1, n2, container, anchor) => {
  if (n1 == null) {
    hostInsert(
      (n2.el = hostCreateText(n2.children as string)),
      container,
      anchor
    )
  } else {
    const el = (n2.el = n1.el!)
    if (n2.children !== n1.children) {
      hostSetText(el, n2.children as string)
    }
  }
}
```

判断传入的旧的 VNode 是否为 null，若是，则调用 hostInsert()函数；若不是，则调用 hostSetText()函数。此处两个函数都通过 options 传递，用于操作 DOM 节点。

4.2.3 comment 类型

当 VNode 为 comment 类型时，直接调用 processCommentNode()函数。因为只是注释节点的调整，所以内部只需进行简单的判断。如果为新增，则创建注释节点；如果为更新，则将旧节点信息赋值到新节点。具体实现代码如下：

```
const processCommentNode: ProcessTextOrCommentFn = (
  n1,
  n2,
  container,
  anchor
) => {
  if (n1 == null) {
```

```
    hostInsert(
      (n2.el = hostCreateComment((n2.children as string) || '')),
      container,
      anchor
    )
  } else {
    n2.el = n1.el
  }
}
```

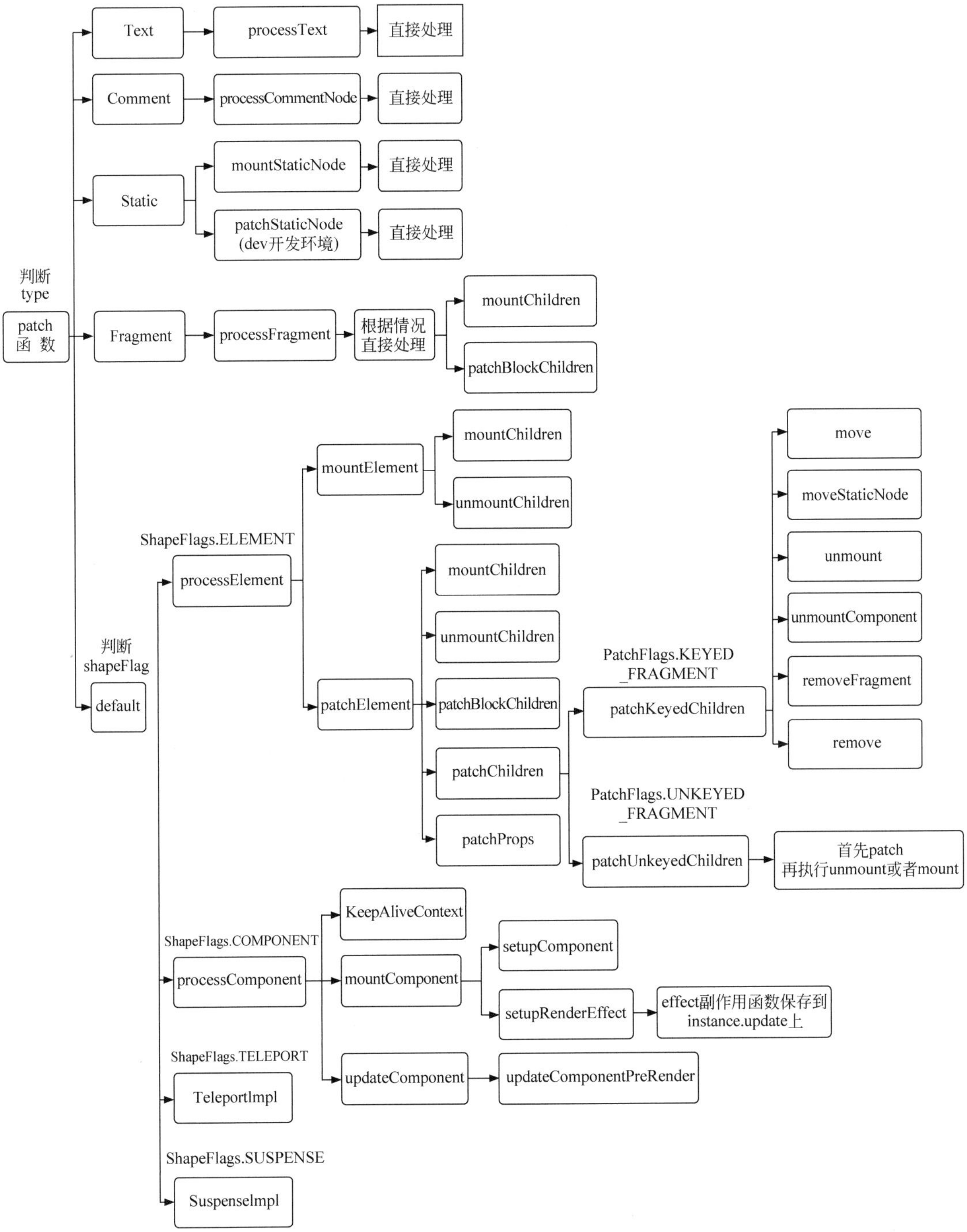

判断 type
patch 函数
Text → processText → 直接处理
Comment → processCommentNode → 直接处理
Static → mountStaticNode → 直接处理
Static → patchStaticNode (dev开发环境) → 直接处理
Fragment → processFragment → 根据情况直接处理 → mountChildren / patchBlockChildren
判断 shapeFlag
default
ShapeFlags.ELEMENT
processElement → mountElement → mountChildren / unmountChildren
processElement → patchElement → mountChildren / unmountChildren / patchBlockChildren / patchChildren / patchProps
patchChildren → PatchFlags.KEYED_FRAGMENT → patchKeyedChildren → move / moveStaticNode / unmount / unmountComponent / removeFragment / remove
patchChildren → PatchFlags.UNKEYED_FRAGMENT → patchUnkeyedChildren → 首先patch 再执行unmount或者mount
ShapeFlags.COMPONENT
processComponent → KeepAliveContext
processComponent → mountComponent → setupComponent / setupRenderEffect → effect副作用函数保存到instance.update上
processComponent → updateComponent → updateComponentPreRender
ShapeFlags.TELEPORT
TeleportImpl
ShapeFlags.SUSPENSE
SuspenseImpl

图 4.1 patch 逻辑图

4.2.4 static 类型

当 VNode 为 static 类型时，首先会判断旧节点是否有值，若有值则执行 patch，若没有值则直接 mount，涉及 mountStaticNode()和 patchStaticNode()函数。具体代码实现如下：

```
case Static:
  if (n1 == null) {
    mountStaticNode(n2, container, anchor, isSVG)
  } else if (__DEV__) {
    patchStaticNode(n1, n2, container, isSVG)
  }
  break
```

patchStaticNode()函数将在开发环境下触发，用于判断当前静态节点数据是否有变化(只有开发环境下静态数据会变化)，判断有变化后将直接卸载掉旧节点，然后挂载新的节点。具体代码实现如下：

```
const patchStaticNode = (
  n1: VNode,
  n2: VNode,
  container: RendererElement,
  isSVG: boolean
) => {
  // 静态节点只在开发环境下热更新时 patch
  if (n2.children !== n1.children) {
    const anchor = hostNextSibling(n1.anchor!)
    // 删除现有节点
    removeStaticNode(n1)
    // 插入新节点
    ;[n2.el, n2.anchor] = hostInsertStaticContent!(
      n2.children as string,
      container,
      anchor,
      isSVG
    )
  } else {
    n2.el = n1.el
    n2.anchor = n1.anchor
  }
}
```

在开发环境中，静态文本更新会直接暴力卸载旧节点，挂载新节点内容并体现到界面上。在生产环境中，只要标记为静态内容将不进行更新，因此无须执行该步骤。

mountStaticNode()函数内部直接创建 DOM 节点内容，具体代码实现如下：

```
const mountStaticNode = (
  n2: VNode,
  container: RendererElement,
  anchor: RendererNode | null,
  isSVG: boolean
) => {
  ;[n2.el, n2.anchor] = hostInsertStaticContent!(
    n2.children as string,
    container,
    anchor,
```

```
    isSVG
  )
}
```

上述代码主要调用 hostInsertStaticContent()方法，该方法对应 insertStaticContent()方法，此方法的实现可在 $runtime-core_nodeOps.ts 文件内找到，主要通过递归的方式创建静态节点。具体代码实现如下：

```
insertStaticContent(content, parent, anchor, isSVG) {
    // <parent> before | first ... last | anchor </parent>
    const before = anchor ? anchor.previousSibling : parent.lastChild
    let template = staticTemplateCache.get(content)
    if (!template) {
        const t = doc.createElement('template')
        t.innerHTML = isSVG ? `<svg>${content}</svg>` : content
        template = t.content
        if (isSVG) {
        // 移除外部 SVG 包装
        const wrapper = template.firstChild!
        while (wrapper.firstChild) {
            template.appendChild(wrapper.firstChild)
        }
        template.removeChild(wrapper)
        }
        staticTemplateCache.set(content, template)
    }
    parent.insertBefore(template.cloneNode(true), anchor)
    return [
        // first
        before ? before.nextSibling! : parent.firstChild!,
        // last
        anchor ? anchor.previousSibling! : parent.lastChild!
    ]
}
```

4.2.5 fragment 类型

当 VNode 为 fragment 类型时，直接调用 processFragment()函数进行处理。判断是否有旧 VNode，若没有则创建节点，并调用 mountChildren()函数递归 patch 子节点。具体代码实现如下：

```
if (n1 == null) {
  hostInsert(fragmentStartAnchor, container, anchor)
  hostInsert(fragmentEndAnchor, container, anchor)
  mountChildren(
    n2.children as VNodeArrayChildren,
    container,
    fragmentEndAnchor,
    parentComponent,
    parentSuspense,
    isSVG,
    slotScopeIds,
    optimized
  )
}
```

若需要对新、旧节点执行更新操作，则判断是否为动态节点。如果不是动态节点，则直接调用patchChildren()函数递归渲染子节点；如果是动态节点，则需要通过patchBlockChildren()函数，对节点进行处理后，调用patch函数进行递归。动态节点执行递归后，将使用traverseStaticChildren()函数遍历静态节点。具体代码实现如下：

```
if (
  patchFlag > 0 &&
  patchFlag & PatchFlags.STABLE_FRAGMENT &&
  dynamicChildren &&
  n1.dynamicChildren
) {
  patchBlockChildren(
    n1.dynamicChildren,
    dynamicChildren,
    container,
    parentComponent,
    parentSuspense,
    isSVG,
    slotScopeIds
  )
  if (__DEV__ && parentComponent && parentComponent.type.__hmrId) {
    traverseStaticChildren(n1, n2)
  } else if (
    n2.key != null ||
    (parentComponent && n2 === parentComponent.subTree)
  ) {
    traverseStaticChildren(n1, n2, true /* shallow */)
  }
} else {
  patchChildren(
    n1,
    n2,
    container,
    fragmentEndAnchor,
    parentComponent,
    parentSuspense,
    isSVG,
    slotScopeIds,
    optimized
  )
}
```

该函数的大部分内容是在处理特殊情况，此处调用traverseStaticChildren()函数是为了保证静态节点能够正常更新。因为fragment被操作后，对应的子节点均需要变化，其中涉及静态节点，因此需要用该函数来保证静态节点在正确的位置。

观察上述4种简单类型的内部处理逻辑后，可以很清晰地看到对DOM的操作，而准确操作的前提是创建VNode时已做好初始化，对涉及的类型进行了严格的限制。根据不同类型创建不同的HTML片段，最后形成完整的DOM树，这正是patch的意义所在。

若不符合上述类型判断，将根据shapeFlag属性值判断组件类型是否为element、component、telport和suspense类型组件，进而执行不同的分支。涉及的处理逻辑如下：

```
if (shapeFlag & ShapeFlags.ELEMENT) {
  …
} else if (shapeFlag & ShapeFlags.COMPONENT) {
```

```
    …
} else if (shapeFlag & ShapeFlags.TELEPORT) {
    …
} else if (__FEATURE_SUSPENSE__ && shapeFlag & ShapeFlags.SUSPENSE) {
    …
} else if (__DEV__) {
  warn('Invalid VNode type:', type, `($ {typeof type})`)
}
```

4.2.6 element 类型

当 VNode 为 element 类型时，调用 processElement()函数。该函数内部实现 VNode 的创建或更新。具体代码实现如下：

```
const processElement = (
  n1: VNode | null,
  n2: VNode,
  container: RendererElement,
  anchor: RendererNode | null,
  parentComponent: ComponentInternalInstance | null,
  parentSuspense: SuspenseBoundary | null,
  isSVG: boolean,
  slotScopeIds: string[] | null,
  optimized: boolean
) => {
  isSVG = isSVG || (n2.type as string) === 'svg'
  if (n1 == null) {
    mountElement(
      n2,
      container,
      anchor,
      parentComponent,
      parentSuspense,
      isSVG,
      slotScopeIds,
      optimized
    )
  } else {
   patchElement(
    n1,
    n2,
    parentComponent,
    parentSuspense,
    isSVG,
    slotScopeIds,
    optimized
    )
  }
}
```

该类型在第 3 章介绍组件挂载和更新时已经提到，若是新增则调用 mountElement()函数进行创建，若是更新则调用 patchElement()函数进行 diff。关于 diff 的详细情况将会在 4.3 节介绍。

4.2.7 component 类型

当 VNode 为 component 类型时，将调用 processComponent()函数，此函数内部实现

VNode 的创建或更新。若执行创建逻辑,且该组件也是 keepalive 类型,则执行 keepalive 逻辑,若不是则执行 mountComponent()函数;若执行更新逻辑,则执行 updateComponent()函数。具体代码实现如下:

```
const processComponent = (
  n1: VNode | null,
  n2: VNode,
  container: RendererElement,
  anchor: RendererNode | null,
  parentComponent: ComponentInternalInstance | null,
  parentSuspense: SuspenseBoundary | null,
  isSVG: boolean,
  slotScopeIds: string[] | null,
  optimized: boolean
) => {
  n2.slotScopeIds = slotScopeIds
  if (n1 == null) {
    if (n2.shapeFlag & ShapeFlags.COMPONENT_KEPT_ALIVE) {
      ;(parentComponent!.ctx as KeepAliveContext).activate(
        n2,
        container,
        anchor,
        isSVG,
        optimized
      )
    } else {
      mountComponent(
        n2,
        container,
        anchor,
        parentComponent,
        parentSuspense,
        isSVG,
        optimized
      )
    }
  } else {
    updateComponent(n1, n2, optimized)
  }
}
```

mountComponent()和 updateComponent()函数分别执行挂载和更新逻辑,此处不展开介绍。

4.2.8 teleport 类型

当 VNode 为 teleport 类型时,调用 TeleportImpl 对象的 process()方法。该方法实现逻辑位于 $runtime-core-components_Telport.ts 文件内,TeleportImpl 对象涉及 process、remove、move 和 hydrate 方法,此处主要查看 process()方法的实现。该方法的内部判断逻辑基本与组件挂载类似,主要实现 VNode 的创建或更新。

若创建 VNode,则在创建对应元素后执行递归挂载。具体代码实现如下:

```
if (n1 == null) {
  // insert anchors in the main view
  const placeholder = (n2.el = __DEV__
```

```
    ? createComment('teleport start')
    : createText(''))
  const mainAnchor = (n2.anchor = __DEV__
    ? createComment('teleport end')
    : createText(''))
  insert(placeholder, container, anchor)
  insert(mainAnchor, container, anchor)
  const target = (n2.target = resolveTarget(n2.props, querySelector))
  const targetAnchor = (n2.targetAnchor = createText(''))
  if (target) {
    insert(targetAnchor, target)
    isSVG = isSVG || isTargetSVG(target)
  } else if (__DEV__ && !disabled) {
    warn('Invalid Teleport target on mount:', target, `($ {typeof target})`)
  }
  const mount = (container: RendererElement, anchor: RendererNode) => {
    if (shapeFlag & ShapeFlags.ARRAY_CHILDREN) {
      mountChildren(
        children as VNodeArrayChildren,
        container,
        anchor,
        parentComponent,
        parentSuspense,
        isSVG,
        optimized
      )
    }
  }
  if (disabled) {
    mount(container, mainAnchor)
  } else if (target) {
    mount(target, targetAnchor)
  }
}
```

若是更新VNode,则首先处理动态节点情况,调用patchBlockChildren()函数；其次根据optimized参数判断是否调用patchChildren()函数执行递归；最后判断禁用或启用状态,根据不同的规则进行元素的移动和挂载。具体代码实现如下：

```
// 更新内容
n2.el = n1.el
const mainAnchor = (n2.anchor = n1.anchor)!
const target = (n2.target = n1.target)!
const targetAnchor = (n2.targetAnchor = n1.targetAnchor)!
const wasDisabled = isTeleportDisabled(n1.props)
const currentContainer = wasDisabled ? container : target
const currentAnchor = wasDisabled ? mainAnchor : targetAnchor
isSVG = isSVG || isTargetSVG(target)
if (n2.dynamicChildren) {
  patchBlockChildren( ... )
  traverseStaticChildren(n1, n2, true)
} else if (!optimized) {
  patchChildren( ... )
}
if (disabled) {
  if (!wasDisabled) {
    // enabled -> disabled
```

```
      // move into main container
      moveTeleport( ... )
    }
  } else {
    // target changed
    if ((n2.props && n2.props.to) !== (n1.props && n1.props.to)) {
      const nextTarget = (n2.target = resolveTarget(
        n2.props,
        querySelector
      ))
      if (nextTarget) {
        moveTeleport( ... )
      } else if (__DEV__) {
        ...
    } else if (wasDisabled) {
      // disabled -> enabled
      // move into teleport target
      moveTeleport(
        n2,
        target,
        targetAnchor,
        internals,
        TeleportMoveTypes.TOGGLE
      )
    }
  }
```

4.2.9 suspense 类型

当 VNode 为 suspense 类型时，内部处理逻辑与 teleport 类型相似，调用 SuspenseImpl 对象的 process()函数。该方法位于 $root/runtime-core-components-Suspense.ts 文件内，此函数内部实现 VNode 的创建或更新。执行对应的函数完成该类型组件的处理。具体代码实现如下：

```
// $ root/runtime_core - components_Suspense.ts
export const SuspenseImpl = {
name: 'Suspense',
  __isSuspense: true,
  process(
    n1: VNode | null,
    n2: VNode,
    container: RendererElement,
    anchor: RendererNode | null,
    parentComponent: ComponentInternalInstance | null,
    parentSuspense: SuspenseBoundary | null,
    isSVG: boolean,
    slotScopeIds: string[] | null,
    optimized: boolean,
    rendererInternals: RendererInternals
  ) {
    if (n1 == null) {
      mountSuspense( ... )
    } else {
      patchSuspense( ... )
    }
  },
```

```
  hydrate: hydrateSuspense,
  create: createSuspenseBoundary,
  normalize: normalizeSuspenseChildren
}
```

接下来查看 mountSuspense()和 patchSuspense()函数的内部处理情况。该类型组件的主要功能是：在真实组件未渲染时，提供一个默认组件，待完成加载后再替换为真实的数据。根据该思路，mountSuspense()函数对已经创建好的 suspense 组件进行 patch，此处将重点放在 createSuspenseBoundary()函数上。

createSuspenseBoundary()函数实现对 suspense 组件的创建和组件内属性的定义。组件属性声明如下：

```
export interface SuspenseBoundary {
  // susupense VNode
  vnode: VNode<RendererNode, RendererElement, SuspenseProps>
  // 父 suspense 实例
  parent: SuspenseBoundary | null
  // 父组件实例
  parentComponent: ComponentInternalInstance | null
  isSVG: boolean
  // 子树渲染的容器
  container: RendererElement
  // subTree 临时存放元素
  hiddenContainer: RendererElement
  // 相对锚点
  anchor: RendererNode | null
  activeBranch: VNode | null
  pendingBranch: VNode | null
  // 依赖数目
  deps: number
  pendingId: number
  timeout: number
  isInFallbackL boolean
  isHydrating: boolean
  // 是否已经卸载
  isUnmounted: Boolean
  // 副作用函数列表
  effects: Function[]
  // resolve suspense 组件
  resolve(force?: boolean): void
  // fallback 树
  fallback(fallbackVNode: VNode): VNode
  // 移动
  move(
    container: RendererElement,
    anchor: RendererNode | null,
    type: MoveType
  ): void
  next(): RendererNode | null
  // 向该 suspense 注册异步依赖
  registerDep(
    instance: ComponentInternalInstance,
    setupRenderEffect: SetupRenderEffectFn
  ): void
  // 卸载
  unmount(parentSuspense: SuspenseBoundary | null, doRemove?: boolean): void
}
```

上述属性较多，将在遇到对应逻辑时进行介绍。大部分属性的作用已进行标注，此处围绕suspense组件的特性进行介绍。createSuspenseBoundary()函数内部实现组件的注册、修改、挂载和执行。具体代码实现如下：

```
function createSuspenseBoundary(
  vnode: VNode,
  parent: SuspenseBoundary | null,
  parentComponent: ComponentInternalInstance | null,
  container: RendererElement,
  hiddenContainer: RendererElement,
  anchor: RendererNode | null,
  isSVG: boolean,
  slotScopeIds: string[] | null,
  optimized: boolean,
  rendererInternals: RendererInternals,
  isHydrating = false
): SuspenseBoundary {
  const {
    p: patch,
    m: move,
    um: unmount,
    n: next,
    o: { parentNode ,remove }
  } = rendererInternals
  const timeout = toNumber(vnode.props && vnode.props.timeout)
  // 创建 suspense
  const suspense: SuspenseBoundary = {
    vnode,
    parent,
    parentComponent,
    isSVG,
    container,
    hiddenContainer,
    anchor,
    deps: 0,
    pendingId: 0,
    timeout: typeof timeout === 'number'? timeout : -1,
    activeBranch: null,
    pendingBranch: null,
    isInFallback: true,
    isHydrating,
    isUnmounted: false,
    effects: [],
    resolve(resume = false) {},
    fallback(fallbackVNode) {},
    move(container, anchor, type) {
      suspense.activeBranch &&
        move(getCurrentTree(), container, anchor, type)
      suspense.container = container
    },
    next() {
      return suspense.activeBranch && next(suspense.activeBranch)
    },
    registerDep(instance, setupRenderEffect) {},
    unmount(parentSuspense, doRemove) {}
  }
```

```
  return suspense
}
```

完成 suspense 创建后，将开始 patch 整个 VNode，patch 完成后判断是否还有需要执行的异步队列，当所有异步队列完成后执行 suspense. resolve()方法，涉及代码如下：

```
if (suspense.deps > 0) {
  // has async
  // invoke @fallback event
  triggerEvent(vnode, 'onPending')
  triggerEvent(vnode, 'onFallback')
  // mount the fallback tree
  patch(
    null,
    vnode.ssFallback!,
    container,
    anchor,
    parentComponent,
    null, // fallback tree will not have suspense context
    isSVG,
    slotScopeIds
  )
  setActiveBranch(suspense, vnode.ssFallback!)
} else {
  // Suspense has no async deps. Just resolve.
  suspense.resolve()
}
```

执行完成后，完成 suspense 组件的 patch。

4.3 diff 比较

由 4.2 节可知，通过 patch 函数对不同类型的组件进行处理。在处理过程中，涉及更新等操作，并会通过 diff 操作判断新旧 VNode 的改动情况。本节将介绍 diff 的整个过程。

diff 比较一共分为两种情况：如果组件不存在 key，则直接进行全量 diff；如果组件有唯一 key 进行标识，则执行 diff 优化，尽可能减少 DOM 的重绘。

若为全量 diff，则内部逻辑与第 2 章的 patch 方式相同。获取旧 VNode 与新 VNode 的长度最小值，利用该最小值对新 VNode 进行 patch 操作。完成新 VNode patch 后，如果旧 VNode 数量大于新 VNode 数量，则代表需要卸载超出部分的 VNode；如果新 VNode 数量大于旧 VNode 数量，则涉及新增 VNode，执行 mount 函数挂载新 VNode。

如果有 key，则进行 VNode 的对比优化，又被称为 diff 优化。关于优化算法将在 4.3.5 节展开，此处通过一个简单的例子介绍优化算法的执行情况。

patchKeyedChildren 函数实现 diff 优化，内部 diff 操作时，首先会从头部开始匹配，然后从尾部进行匹配，最后对特殊情况进行匹配。在介绍源码的过程中将通过一个案例来模拟代码执行，在这个过程中同步介绍 diff 优化逻辑，假设如下：

旧 VNode：a b d g z e f h j

新 VNode：a b f e d e w i h j

初始化 VNode 过程如图 4.2 所示。

第一步，从头开始匹配。

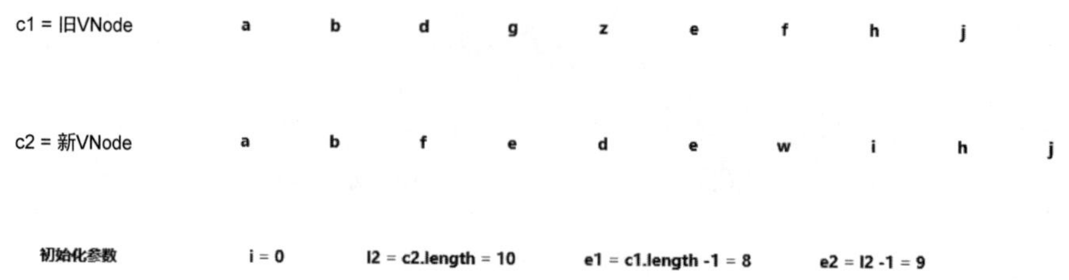

c1 = 旧VNode　a　b　d　g　z　e　f　h　j

c2 = 新VNode　a　b　f　e　d　e　w　i　h　j

初始化参数　i = 0　l2 = c2.length = 10　e1 = c1.length -1 = 8　e2 = l2 -1 = 9

图 4.2　初始化 VNode

```
// 1. sync from start
// (a b) d g …
// (a b) f e …
while (i <= e1 && i <= e2) {
  const n1 = c1[i]
  const n2 = (c2[i] = optimized
    ? cloneIfMounted(c2[i] as VNode)
    : normalizeVNode(c2[i]))
  if (isSameVNodeType(n1, n2)) {
    patch(
      n1,
      n2,
      container,
      null,
      parentComponent,
      parentSuspense,
      isSVG,
      slotScopeIds,
      optimized
    )
  } else {
    break
  }
  i++
}
```

4.3.1 从前往后比较

通过 isSameVNodeType()判断 n1 和 n2 是否相同,内部判断逻辑如下:

```
export function isSameVNodeType(n1: VNode, n2: VNode): boolean {
  …
  return n1.type === n2.type && n1.key === n2.key
}
```

判断类型和对应的 key,如果相同直接进行 patch,若不相同则跳出循环。由 4.3 节的假设案例数据可知,n1 和 n2 前两个 VNode 相同,VNode 变化如图 4.3 所示,执行完该步骤后,将开始从后向前匹配,头部相同节点如图 4.3 所示。

4.3.2 从后往前比较

从后往前进行匹配,执行逻辑与从前往后匹配基本类似。具体代码实现如下:

```
// 2. sync from end
// … f (h j)
// … i (h j)
while (i <= e1 && i <= e2) {
```

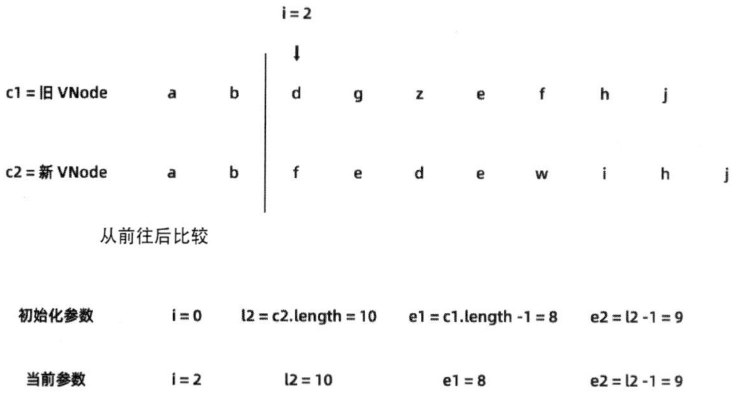

i = 2
c1 = 旧 VNode
a
b
d
g
z
e
f
h
j
c2 = 新 VNode
a
b
f
e
d
e
w
i
h
j
从前往后比较
初始化参数
i = 0
l2 = c2.length = 10
e1 = c1.length -1 = 8
e2 = l2 -1 = 9
当前参数
i = 2
l2 = 10
e1 = 8
e2 = l2 -1 = 9

图 4.3 头部相同 VNode

```
  const n1 = c1[e1]
  const n2 = (c2[e2] = optimized
    ? cloneIfMounted(c2[e2] as VNode)
    : normalizeVNode(c2[e2]))
  if (isSameVNodeType(n1, n2)) {
    patch(
      n1,
      n2,
      container,
      null,
      parentComponent,
      parentSuspense,
      isSVG,
      slotScopeIds,
      optimized
    )
  } else {
    break
  }
  e1 --
  e2 --
}
```

完成从后往前的比较后，开始处理其他情况。尾部相同节点如图 4.4 所示。

i = 2
e1 = 6
c1 = 旧 VNode
a
b
d
g
z
e
f
h
j
c2 = 新 VNode
a
b
f
e
d
e
w
i
h
j
从前往后比较
e2 = 7
从后往前比较
初始化参数
i = 0
l2 = c2.length = 10
e1 = c1.length -1 = 8
e2 = l2 -1 = 9
当前参数
i = 2
l2 = 10
e1 = 6
e2 = 7

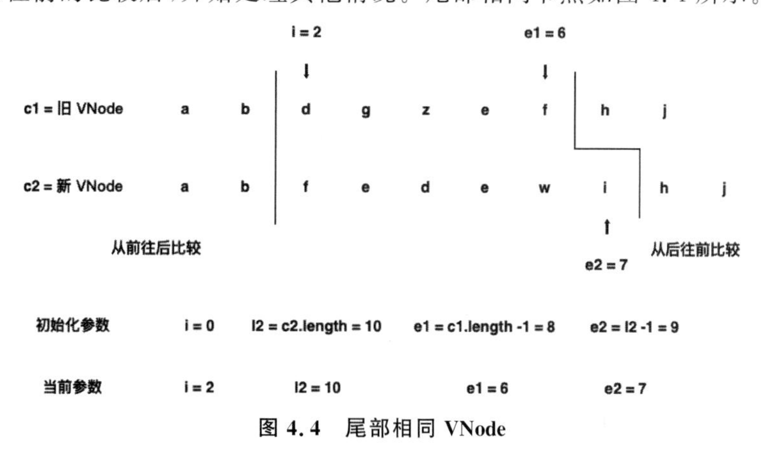

图 4.4 尾部相同 VNode

从头部或尾部递归时，在不改变旧 VNode 的情况下，仅在旧 VNode 的头部或尾部进行新增或删除操作，可直接执行。

4.3.3 新增新 VNode

此时如果 i > e1 且 i <= e2,则说明只在旧 VNode 的末尾或头部添加一个或多个 VNode,只剩下新 VNode,所以需要对新增 VNode 进行 patch。

```
// 3. common sequence + mount
if (i > e1) {
  if (i <= e2) {
    const nextPos = e2 + 1
    const anchor = nextPos < l2 ? (c2[nextPos] as VNode).el : parentAnchor
    while (i <= e2) {
      patch(
        null,
        (c2[i] = optimized
          ? cloneIfMounted(c2[i] as VNode)
          : normalizeVNode(c2[i])),
        container,
        anchor,
        parentComponent,
        parentSuspense,
        isSVG,
        slotScopeIds,
        optimized
      )
      i++
    }
  }
}
```

新增新 VNode 如图 4.5 所示。

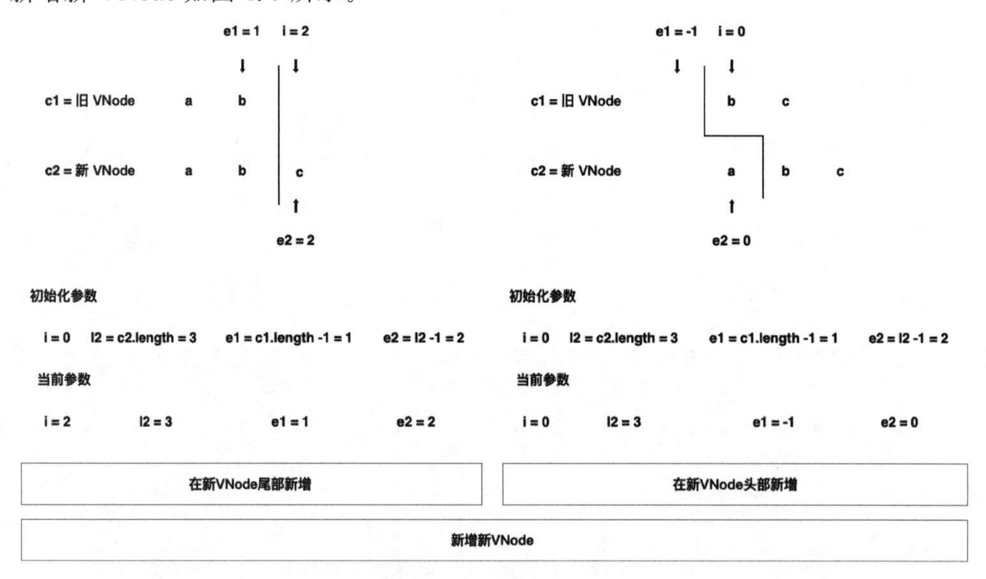

图 4.5 新增新 VNode

4.3.4 删除旧 VNode

如果 i < e1 且 i > e2,说明需在旧 VNode 的尾部或头部删除一个或多个 VNode,需要将部分旧 VNode 删除,通过递归卸载对应 VNode。

```
// common sequence + unmount
else if (i > e2) {
  while (i <= e1) {
    unmount(c1[i], parentComponent, parentSuspense, true)
    i++
  }
}
```

删除旧 VNode 的过程如图 4.6 所示。

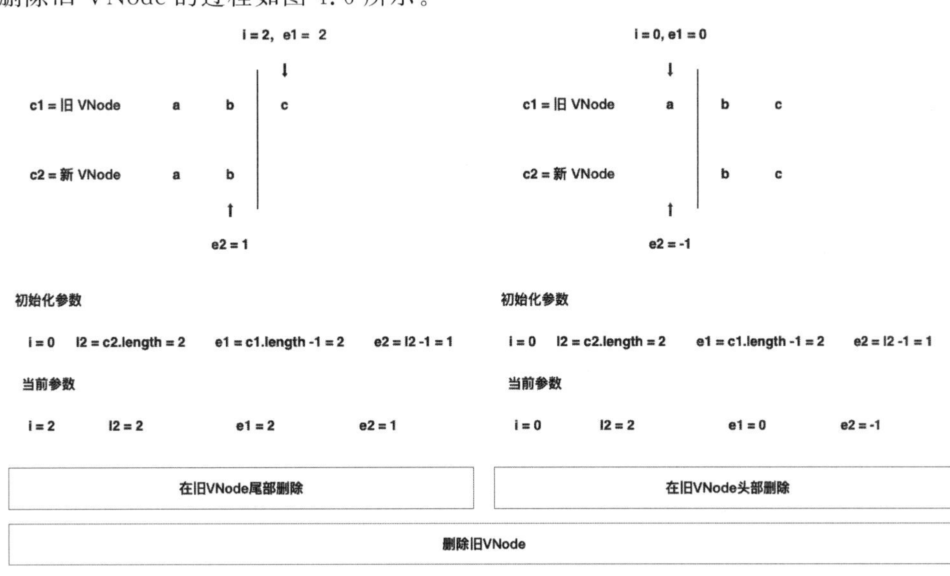

图 4.6 删除旧 VNode

4.3.5 进一步判断

如果匹配下来不是新增 VNode 和删除 VNode 这种特殊情况，则需要进一步判断（见图 4.7）。可参考从后往前步骤遍历完成后，处理中间部分节点内容。

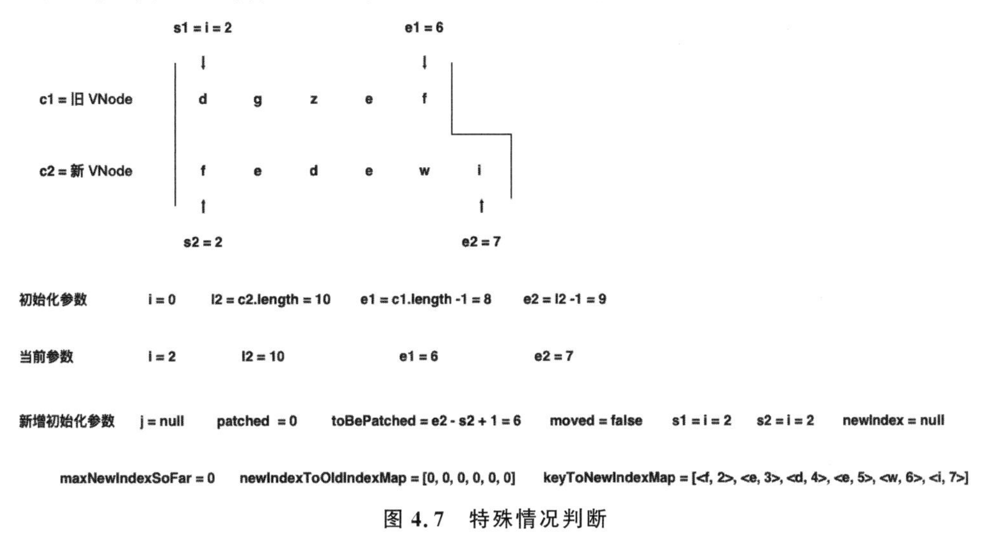

图 4.7 特殊情况判断

通过 keyToNewIndexMap 对象存储 new VNode，记录的 key 为 VNode 的位置。完成后，初始化状态和数据，此处需注意，新增加 newIndexToOldIndexMap 对象，该对象内数据被全部初始化为 0，初始化 0 的数量为新 VNode 数量，初始化数据和内容如下：

```
let j
let patched = 0
s1 = i
s2 = i
// 没有经过 patch 新的 VNode 的数量
const toBePatched = e2 - s2 + 1
let moved = false
let maxNewIndexSoFar = 0
const keyToNewIndexMap: Map < string | number | symbol, number > = new Map()
// 初始化 keyToNewIndexMap
for (i = s2; i <= e2; i++) {
  const nextChild = (c2[i] = optimized
    ? cloneIfMounted(c2[i] as VNode)
    : normalizeVNode(c2[i]))
  if (nextChild.key != null) {
    if (__DEV__ && keyToNewIndexMap.has(nextChild.key)) {
      warn(
        `Duplicate keys found during update:`,
        JSON.stringify(nextChild.key),
        `Make sure keys are unique.`
      )
    }
    keyToNewIndexMap.set(nextChild.key, i)
  }
}
const newIndexToOldIndexMap = new Array(toBePatched)
for (i = 0; i < toBePatched; i++) newIndexToOldIndexMap[i] = 0
```

上述例子涉及的参数值如下：

```
i = 2
toBePatched = 5
moved = false
maxNewIndexSoFar = 0
newIndexToOldIndexMap = [ 0, 0, 0, 0, 0, 0 ]
keyToNewIndexMap = <{f, 2}, {e, 3}, {d, 4}, {e, 5}, {w, 6}, {i, 7}>
```

完成数据初始化后开始遍历旧 VNode，如果已经 patch VNode 数量大于或等于没有经过 patch 的新 VNode 的数量，则卸载旧 VNode。如果旧 VNode 存在，则通过 key 找到对应的 index；若不存在，则遍历剩下的新 VNode。

```
for (i = s1; i <= e1; i++) {
  const prevChild = c1[i]
  // 如果 patch VNode 数量大于或等于没有经过 patch 的新 VNode 的数量
  if (patched >= toBePatched) {
    unmount(prevChild, parentComponent, parentSuspense, true)
    continue
  }
  let newIndex
  // 如果旧 VNode 存在
  if (prevChild.key != null) {
    // 判断新 VNode 是否有该 key
    newIndex = keyToNewIndexMap.get(prevChild.key)
  } else {
    // 遍历新 VNode
    for (j = s2; j <= e2; j++) {
      if (
```

```
          newIndexToOldIndexMap[j - s2] === 0 &&
          isSameVNodeType(prevChild, c2[j] as VNode)
        ) {
          // 如果找到与当前旧 VNode 对应的新 VNode,则将新 VNode 的索引赋值给 newIndex
          newIndex = j
          break
        }
      }
    }
  }
```

如果没有找到索引,则代表在新 VNode 内部未找到旧 VNode,需要删除旧 VNode。如果节点存在,则把旧 VNode 的索引记录存放到新 VNode 的记录数组中。

```
if (newIndex === undefined) {
  unmount(prevChild, parentComponent, parentSuspense, true)
} else {
  // 把旧 VNode 的索引,记录在存放新 VNode 的数组中
  // 此处使用 i + 1 记录是为了避免默认值 0 的干扰
  newIndexToOldIndexMap[newIndex - s2] = i + 1
  if (newIndex >= maxNewIndexSoFar) {
    // 如果新 VNode 大于或等于旧 VNode,则代表不需要移动
    maxNewIndexSoFar = newIndex
  } else {
    // 如果当前 VNode 小于最大的新 VNode,则代表需要移动
    moved = true
  }
  // 完成后开始 patchVNode
  patch(
    prevChild,
    c2[newIndex] as VNode,
    container,
    null,
    parentComponent,
    parentSuspense,
    isSVG,
    slotScopeIds,
    optimized
  )
  patched++
}
```

第一步,通过旧 VNode 的 key 找到对应新 VNode 的 index。开始遍历旧 VNode,判断有没有 key,如果存在 key,则通过新 VNode 的 keyToNewIndexMap 找到新 VNode index;如果不存在 key,则遍历剩下的新 VNode 尝试找到对应 index。

第二步,如果存在 index,则证明有对应的旧 VNode,直接复用旧 VNode 进行 patch;如果没有找到与旧 VNode 对应的新 VNode,则删除当前旧 VNode。

第三步,通过 newIndexToOldIndexMap 找到对应新旧 VNode 关系。

执行到该步骤后,所有的旧 VNode 都进行了 patch,完成后准备移动和挂载。若涉及移动,则通过 getSequence 函数找出最长稳定子序列。关于最长稳定子序列算法可以在 LeetCode 查看。具体代码实现如下:

```
// 移动旧 VNode,创建新 VNode
// 根据最长稳定序列移动相对应的 VNode
const increasingNewIndexSequence = moved
```

```
    ? getSequence(newIndexToOldIndexMap)
    : EMPTY_ARR
  j = increasingNewIndexSequence.length - 1
  for (i = toBePatched - 1; i >= 0; i--) {
    const nextIndex = s2 + i
    const nextChild = c2[nextIndex] as VNode
    const anchor =
      nextIndex + 1 < l2 ? (c2[nextIndex + 1] as VNode).el : parentAnchor
    if (newIndexToOldIndexMap[i] === 0) {
  // 没有旧的 VNode 与新的 VNode 对应,则创建一个新的 VNode
      patch(
        null,
        nextChild,
        container,
        anchor,
        parentComponent,
        parentSuspense,
        isSVG
      )
    } else if (moved) {
      if (j < 0 || i !== increasingNewIndexSequence[j]) { // 判断是否需要移动
        // 需要移动的 VNode
        move(nextChild, container, anchor, MoveType.REORDER)
      } else {
        j--
      }
    }
  }
```

此处判断出最长子序列，并且以最长子序列作为参照序列，对其他未在稳定序列的节点进行移动。

注：什么叫作最长稳定序列？

假设有以下的原始序列

0，8，4，12，2，10，6，14，1，9，5，13，3，11，7，15

上述原始序列的最长递增子序列为

0，2，6，9，11，15

4.3.6 总结

由前面的介绍可知，diff 算法的流程如下：

(1) 从头 patch 对比找到有相同的 VNode，发现不同立即跳出循环。

(2) 如果第(1)步没有 patch 完所有元素，就从后往前开始 patch，如果发现不同，则立即跳出循环。

(3) 处理新 VNode 只在新 VNode 的头部或尾部添加的情况，此时新 VNode 数大于旧 VNode 数，对剩下的节点全部以新 VNode 处理。

(4) 处理新 VNode 只在旧 VNode 的头部或尾部删除的情况，此时旧 VNode 数大于新 VNode 数，对超出的 VNode 全部进行卸载处理。

(5) 不确定的元素（这种情况说明没有 patch 完相同的 VNode），此情况下的处理流程如下：

① 把没有比较过的新的 VNode，通过 Map 保存；

② 记录已经 patch 的新 VNode 数量(patched);

③ 没有经过 patch 的新 VNode 数量(toBePatched);

④ 建立数组 newIndexToOldIndexMap,每个元素初始化为 0,该数组下标记录在新 VNode 的位置,保存的值记录旧 VNode 的位置,建立新旧 VNode 的位置关系;

⑤ 遍历旧 VNode,具体处理方法如下:

- 如果 patch 的 VNode 数量大于待 patch VNode 的数量,则直接卸载旧的 VNode;
- 如果旧 VNode 的 key 不存在,则遍历剩下的所有新 VNode;
- 如果旧 VNode 的 key 存在,则通过 key 找到对应的索引;
- 如果找到与当前旧 VNode 对应的新 VNode,则将新 VNode 的索引赋值给 newIndex;
- 没有找到与旧 VNode 对应的新 VNode,卸载当前旧 VNode;
- 如果找到与旧 VNode 对应的新 VNode,把旧 VNode 的索引记录在存放新 VNode 的数组中;

⑥ 如果 VNode 发生移动,则记录已经移动;

⑦ Patch 新旧 VNode,对比后找到新增的 VNode 进行 Patch 操作;

⑧ 遍历结束。

(6) 如果发生移动,那么

① 根据 newIndexToOldIndexMap 新旧 VNode 索引列表找到最长稳定序列;

② 对于 newIndexToOldIndexMap-item=0 证明不存在旧 VNode,重新形成新的 VNode;

③ 对于发生移动的节点进行移动处理。

第5章 响应式API

CHAPTER 5

本章将详细介绍响应式 API,响应式核心实现包括 Proxy 对象代理和 effect 副作用函数。读者可以结合第 2 章的响应式参数逻辑和第 3 章的整体实现,更深入地了解响应式 API 的处理逻辑。

观看视频速览本章主要内容。

5.1 reactive 响应式 API

从本节开始,将介绍 Vue3 中的响应式 API,了解响应式 API 的核心实现逻辑和运行流程。其中,reactive 和 ref 是 Vue3 中最核心的两个响应式 API。下面将详细介绍这两个 API 的实现,以帮助了解响应式 API 的原理。

5.1.1 使用方式

在 Vue2 中,响应式数据是通过 Object. defineProperty 实现的;在 Vue3 中,对该部分进行了重构,通过 Proxy 对象代替 Object. defineProperty 方法,解决 Vue2 中无法侦测 Object 对象的添加和删除、数组元素的增加和删除等问题。

Vue3 中响应式的原理和 Vue2 中差别不大,依然是依赖收集和派发更新两个部分。但在 Vue3 中引入了 effect 副作用函数,该函数与第 2 章的 watchEffect 内部函数实现基本一致。首先通过 reactive 处理响应式数据,当组件内部执行完 setup 后,通过 setupRenderEffect()函数调用 effect 副作用函数。该完整步骤可以在 $runtime-core_render 文件的 mountComponent 函数内查看。下面展开介绍响应式数据的详细内容。

5.1.2 兼容写法

除上述源码声明响应式数据外,还可以使用 Vue2 的写法声明响应式数据。Vue3 兼容 Vue2 写法,因此可以将参数声明放到 data 方法内,返回响应式数据,统一对属性进行响应式处理。使用方式如下:

```
data() {
  return {
    count: 1
  }
}
```

该处理逻辑在 $runtime-core_component. ts 文件内实现,在进行 setup 处理时同步处理 data 方法适配 Vue2 写法,涉及代码如下:

```
// support for 2.x options
if (__FEATURE_OPTIONS_API__ && !(__COMPAT__ && skipOptions)) {
  setCurrentInstance(instance)
  pauseTracking()
  // 处理 data 数据的情况
  applyOptions(instance, Component)
  resetTracking()
  unsetCurrentInstance()
}
```

继续查看响应式参数的内部实现。根据调用逻辑，将通过 applyOptions 函数对 data 返回的对象进行处理，涉及代码如下：

```
if (dataOptions) {
  if (__DEV__ && !isFunction(dataOptions)) { ... }
  const data = dataOptions.call(publicThis, publicThis)
  if (__DEV__ && isPromise(data)) { ... }
  if (!isObject(data)) {
    __DEV__ && warn(`data() should return an object.`)
  } else {
    instance.data = reactive(data)
    if (__DEV__) { ... }
  }
}
```

5.1.3 reactive()函数

此处调用 reactive()函数对 data 数据进行处理，通过 reactive()结合 effect 副作用函数实现响应式功能，代码位于 $ reactivity_reactive 文件内，涉及代码如下：

```
// $ reactivity_reactive
export function reactive(target: object) {
  if (target && (target as Target)[ReactiveFlags.IS_READONLY]) {
    return target
  }
  return createReactiveObject(
    target,
    false,
    mutableHandlers,
    mutableCollectionHandlers,
    reactiveMap
  )
}
```

5.1.4 createReactiveObject()函数

上述代码通过一个高阶函数来返回另外一个创建响应式对象的函数 createReactiveObject()。通过高阶函数的方式保存参数，再通过参数形态导出更高阶的 reactive、shallowReadonly 等函数。

注：在无类型 lambda 演算中，所有函数都是高阶的；在有类型 lambda 演算（大多数函数式编程语言都从中演化而来）中，高阶函数就是参数为函数或返回值为函数的函数。在函数式编程中，返回另一个函数的高阶函数被称为柯里化函数。

createReactiveObject()函数涉及代码如下：

```
function createReactiveObject(
  target: Target,
```

```
  isReadonly: boolean,
  baseHandlers: ProxyHandler<any>,
  collectionHandlers: ProxyHandler<any>,
  proxyMap: WeakMap<Target, any>
) {
  if (!isObject(target)) {
    // 传入的不是对象,直接返回,不做处理
    // 在开发环境中提出警告
    if (__DEV__) {
      console.warn(`value cannot be made reactive: ${String(target)}`);
    }
    return target;
  }
  // 如果 target 已经是一个 reactive 对象,则直接返回
  // 异常:在响应式对象上调用 readonly()
  if (
    target[ReactiveFlags.RAW] &&
    !(isReadonly && target[ReactiveFlags.IS_REACTIVE])
  ) {
    return target;
  }
  // 存在代理,直接返回
  const existingProxy = proxyMap.get(target)
  if (existingProxy) {
    return existingProxy
  }
  // 是否为可代理数据类型
  const targetType = getTargetType(target)
  if (targetType === TargetType.INVALID) {
    return target
  }
  // 生成代理对象
  const proxy = new Proxy(
    target,
    targetType === TargetType.COLLECTION ? collectionHandlers : baseHandlers
  )
  // 在原对象上缓存代理后的对象
  proxyMap.set(target, proxy)
  return proxy
}
```

target 可代理对象包括：没有 skip 标识的源对象，没有冻结的对象和 Object、Array、Map、Set、WeakMap、WeakSet 类型的对象。createReactiveObject()的主要逻辑可简化成如下几个步骤：

（1）过滤不可代理的情况；

（2）查询可使用缓存的情况；

（3）生成缓存代理对象。

下面结合代码对以上步骤进行分析。

（1）过滤不可代理的情况：通过 reactive 代理 readonly 对象。

```
const obj = { key: 1 }
const n1 = readonly(obj)
const n2 = reactive(n1)
console.log('直接返回 obj 对象')
```

(2) 查询可使用缓存的情况：通过 reactive 多次代理同一个对象。

```
const obj = { key: 1 }
const n1 = reactive(obj)
const n2 = reactive(obj)
console.log('返回第一次代理 obj 对象')
```

(3) 生成缓存代理对象：通过 reactive 代理 reactive 响应式对象。

```
const obj = { key: 1 }
const n1 = reactive(obj)
const n2 = reactive(n1)
console.log('直接返回 obj 对象')
```

5.1.5　mutableHandlers()函数

createReactiveObject()函数内部没有复杂逻辑，需关注的还是 ProxyHandler 部分，涉及代码如下：

```
export const mutableHandlers: ProxyHandler<object> = {
  get,
  set,
  deleteProperty,
  has,
  ownKeys
}
```

5.1.6　createGetter()函数

由上述代码可知，Vue3 对 5 种方法做了代理，分别是 get、set、has、deleteProperty 和 ownKeys。对用户来说接触最多的是 get 和 set 方法。

get 通过 createGetter()函数实现，涉及代码如下：

```
function createGetter(isReadonly = false, shallow = false) {
  return function get(target: Target, key: string | symbol, receiver: object) {
    // 1. reactive 标识位处理
    if (key === ReactiveFlags.IS_REACTIVE) {
      return !isReadonly;
    } else if (key === ReactiveFlags.IS_READONLY) {
      return isReadonly;
    } else if (
      key === ReactiveFlags.RAW &&
      receiver ===
        (isReadonly
          ? shallow
            ? shallowReadonlyMap
            : readonlyMap
          : shallow
          ? shallowReactiveMap
          : reactiveMap
        ).get(target)
    ) {
      return target;
    }
    // 2. 处理数组方法 key,若有缓存,直接返回
    const targetIsArray = isArray(target);
    if (!isReadonly && targetIsArray && hasOwn(arrayInstrumentations, key)) {
      return Reflect.get(arrayInstrumentations, key, receiver)
```

```
    }
    // 3. 缓存取值
    const res = Reflect.get(target, key, receiver);
    // 4. 过滤无须 track 的 key
    if (
      // 访问 builtInSymbols 内的 symbol key 或者访问原型和 ref 内部属性
      isSymbol(key) ? builtInSymbols.has(key) : isNonTrackableKeys(key)
    ) {
      return res;
    }
    // 5. 依赖收集
    if (!isReadonly) {
      // 非 readonly 收集一次类型为 get 的依赖
      track(target, TrackOpTypes.GET, key);
    }
    // 6. 处理取出的值
    if (shallow) {
      // 浅代理则直接返回通过 key 取到的值
      return res;
    }
    if (isRef(res)) {
      // 如果通过 key 去除的是 ref,则自动解开,仅针对对象
      const shouldUnwrap = !targetIsArray || !isIntegerKey(key)
      return shouldUnwrap ? res.value : res
    }
    if (isObject(res)) {
      // 如果通过 key 取出是对象,且 shallow 为 false,则进行递归代理
      return isReadonly ? readonly(res) : reactive(res);
    }
    return res;
  };
}
```

上述方法传入两个参数,并通过高阶函数的方式保存两个参数的值。函数体内首先针对3个 reactive 标识 key 进行判断,根据 key 类型不同返回不同值。判断流程如图 5.1 所示。

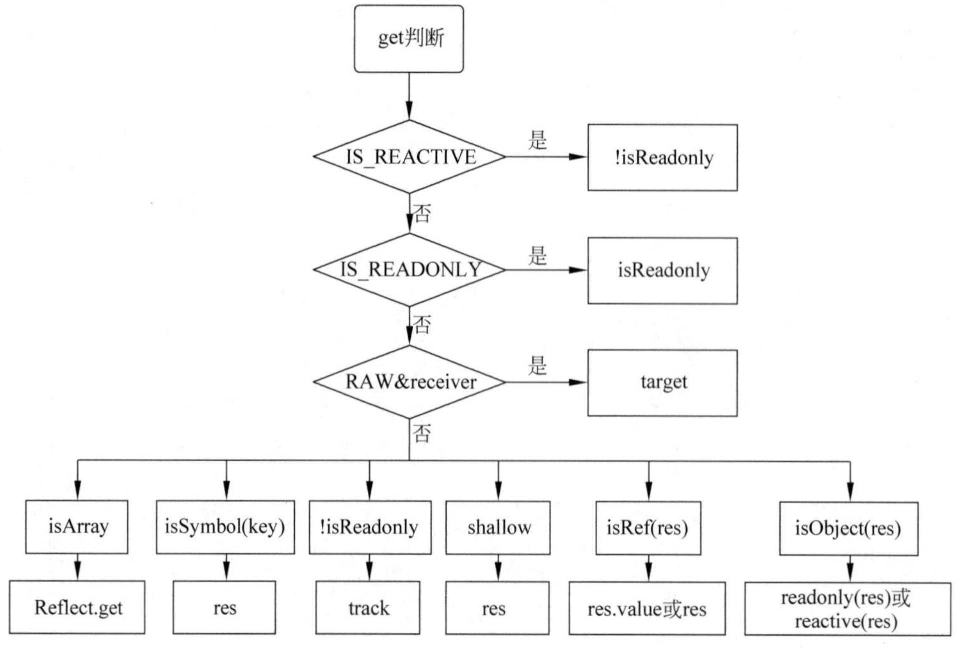

图 5.1 判断流程

由图5.1可知，整个函数执行共分以下几种情况：

(1) 判断key是否为3种特定类型的值。若是，则根据key直接返回对应值，结束当前函数的执行。

(2) 若target是数组，则调用arrayInstrumentations函数针对数组进行处理。

(3) 使用Reflect.get对target进行取值和依赖收集。

(4) 取值前过滤不需要依赖收集的key，直接返回对应值。

(5) 针对非readonly的情况进行一次get的依赖收集。

注：Reflect是一个内置的对象，用于获取目标对象的行为，提供拦截JavaScript操作的方法。这些方法与proxy handlers的方法相同。Reflect不是一个函数对象，因此它是不可构造的。

对于当前key取出的值仍需要按基本类型、ref类型和对象类型来处理。

(1) 基本类型，直接返回。

(2) ref类型，原数据为对象时解构ref类型后返回，原数据为数组时直接返回。

(3) 对象类型，若是shallow浅代理则直接返回，若不是则返回递归代理的代理对象。

在上述步骤(2)中，针对数组处理的arrayInstrumentations()函数内部实现了对数组的includes、indexOf和lastIndexOf方法重写，加入依赖收集。代码实现如下：

```
const arrayInstrumentations = /* #__PURE__ */ createArrayInstrumentations()
function createArrayInstrumentations() {
  const instrumentations: Record<string, Function> = {}
  ;(['includes', 'indexOf', 'lastIndexOf'] as const).forEach(key => {
    instrumentations[key] = function (this: unknown[], ...args: unknown[]) {
      const arr = toRaw(this) as any
      for (let i = 0, l = this.length; i < l; i++) {
        // 针对数组元素进行依赖收集
        track(arr, TrackOpTypes.GET, i + '')
      }
      const res = arr[key](...args)
      if (res === -1 || res === false) {
        return arr[key](...args.map(toRaw))
      } else {
        return res
      }
    }
  })
  ;(['push', 'pop', 'shift', 'unshift', 'splice'] as const).forEach(key => {
    instrumentations[key] = function (this: unknown[], ...args: unknown[]) {
      // 上述方法操作时，会改变数组长度，此处暂停依赖收集，避免无限递归
      pauseTracking()
      const res = (toRaw(this) as any)[key].apply(this, args)
      resetTracking()
      return res
    }
  })
  return instrumentations
}
```

在完成对应解析后会进行依赖收集，依赖收集通过track实现，下面介绍依赖收集函数。该函数位于$reactivity_effect.ts内，涉及代码如下：

```
export function track(target: object, type: TrackOpTypes, key: unknown) {
  // 依赖收集进行的前置条件：
  // 1. 全局收集标识开启
```

```
  // 2. 存在激活的副作用函数
  if (!isTracking()) {
    return
  }
  // 创建依赖收集 map target → deps → effect
  let depsMap = targetMap.get(target);
  if (!depsMap) {
    targetMap.set(target, (depsMap = new Map()));
  }
  let dep = depsMap.get(key);
  if (!dep) {
    depsMap.set(key, (dep = new Set()));
  }
  trackEffects(dep, eventInfo)
}
export function trackEffects(
    dep: Dep,
    debuggerEventExtraInfo?: DebuggerEventExtraInfo
  ) {
    let shouldTrack = false
    // 设置收集深度
    if (effectTrackDepth <= maxMarkerBits) {
      if (!newTracked(dep)) {
        dep.n |= trackOpBit // set newly tracked
        shouldTrack = !wasTracked(dep)
      }
    } else {
      // 全量清理
      shouldTrack = !dep.has(activeEffect!)
    }

    if (shouldTrack) {
      // 依赖收集副作用
      dep.add(activeEffect!)
      // 副作用保存依赖
      activeEffect!.deps.push(dep)
      // 依赖收集的钩子函数
      if (__DEV__ && activeEffect!.onTrack) {
        activeEffect!.onTrack(
          Object.assign(
            {
              effect: activeEffect!
            },
            debuggerEventExtraInfo
          )
        )
      }
    }
  }
```

track 的目标很简单，建立当前 key 与当前激活 effect 的依赖关系，源码中使用了一个较为复杂的方式来保存这种依赖关系，依赖关系如图 5.2 所示。

完成后整个数据结构如图 5.3 所示。

通过 target→key→dep 的数据结构，完整地存储了对象、键值和副作用的关系，并且通过 set 实例来对 effect 副作用函数去重。

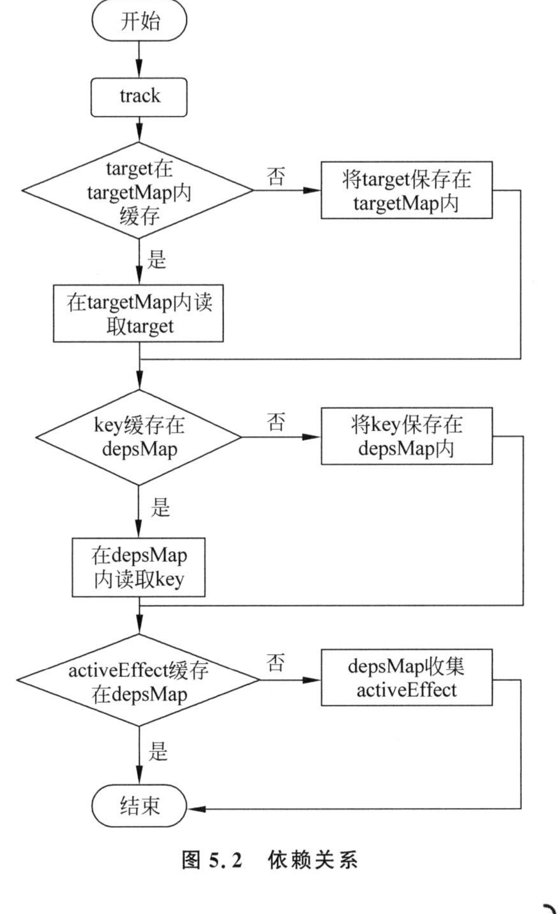

图 5.2 依赖关系

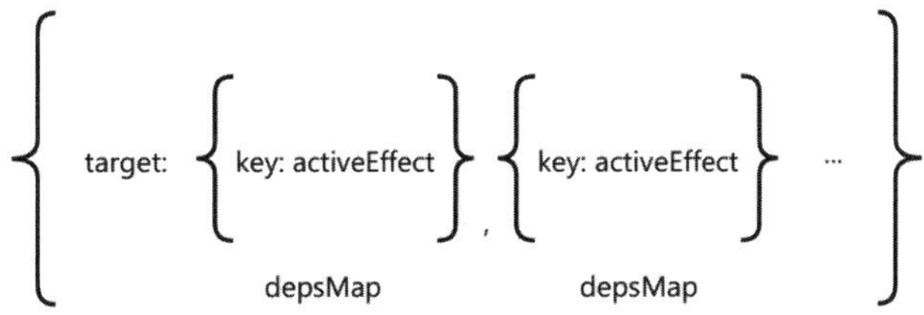

图 5.3 数据结构

理清依赖关系的数据结构后，track 函数基本介绍完成。

5.1.7 createSetter()函数

依赖收集主要通过 get 触发，派发更新主要通过 set 触发。set 方法在 $reactivity_reactive 文件内，通过 createSetter()函数实现派发更新，具体代码如下：

```
function createSetter(shallow = false) {
  return function set(
    target: object,
    key: string | symbol,
    value: unknown,
    receiver: object
  ): boolean {
    // 取旧值
```

```
    const oldValue = (target as any)[key];
    if (!shallow && !isReadonly(value)) {
      // 在深度代理情况下,需要手动处理属性值为 ref 的情况,将 trigger 交给 ref 来触发
      value = toRaw(value);
      oldValue = toRaw(oldValue)
      if (!isArray(target) && isRef(oldValue) && !isRef(value)) {
        oldValue.value = value;
        return true;
      }
    } else {
      // 在浅代理模式下,行为与普通对象一致
    }
    // 判断是新增或者修改
    const hadKey =
      isArray(target) && isIntegerKey(key)
        ? Number(key) < target.length
        : hasOwn(target, key)
    // 设置新值
    const result = Reflect.set(target, key, value, receiver);
    // 如果修改了通过原型查找得到的属性,无须 trigger
    if (target === toRaw(receiver)) {
      if (!hadKey) {
        // 新增
        trigger(target, TriggerOpTypes.ADD, key, value);
      } else if (hasChanged(value, oldValue)) {
        // 修改时,需要去除未改变的情况;
        // 数组增加元素时,会使 length 改变,但在达到 length 修改的 set 时;
        // 数组已经添加元素成功,取到的 oldValue 会与 value 相等,直接过滤掉此次不必要的
        // trigger.
        trigger(target, TriggerOpTypes.SET, key, value, oldValue);
      }
    }
    return result;
  };
}
```

set 函数的主要目标是修改值并正确地派发更新。首先在非 shallow 的情况下,需要手动处理属性值为 ref 的情况,将 trigger()交给 ref 来触发。

赋值完成后的 target 并没有变化,说明当前设置的 key 来自原型链,无须触发 trigger()。

如果确定是对 target 上 key 的修改,仍需要进行 add 和 set 的区分。因为存在一种场景如下:

```
let arr = reactive([1, 2, 3]);
arr.push(4);
```

当向响应式数组添加元素时会触发数组 length 的修改,在 length 属性修改前,数组元素已经添加成功,通过(target as any)[key]取到的值会与 value 相等。在这种情况下无须执行 trigger()函数,使用 hasChanged()函数来进行过滤。

通过 trigger()函数触发更新,具体代码实现如下:

```
export const ITERATE_KEY = Symbol(__DEV__ ? 'iterate' : '')
export const MAP_KEY_ITERATE_KEY = Symbol(__DEV__ ? 'Map key iterate' : '')
const targetMap = new WeakMap<any, KeyToDepMap>()
export function trigger(
  target: object,
  type: TriggerOpTypes,
```

```
  key?: unknown,
  newValue?: unknown,
  oldValue?: unknown,
  oldTarget?: Map<unknown, unknown> | Set<unknown>
) {
  const depsMap = targetMap.get(target)
  if (!depsMap) {
    // 未被依赖收集
    return
  }
  let deps: (Dep | undefined)[] = []
  if (type === TriggerOpTypes.CLEAR) {
    // 保存 target 的所有 effect 到 deps
    deps = [...depsMap.values()]
  } else if (key === 'length' && isArray(target)) {
    // 数组长度变化
    depsMap.forEach((dep, key) => {
      if (key === 'length' || key >= (newValue as number)) {
        deps.push(dep)
      }
    })
  } else {
    // schedule runs for SET | ADD | DELETE
    // 除去以上两种特殊情况,若 key 还存在,则直接添加所有有依赖的副作用函数
    if (key !== void 0) {
      deps.push(depsMap.get(key))
    }
    // 根据类型操作待缓存数据
    switch (type) {
      case TriggerOpTypes.ADD:
        if (!isArray(target)) {
          deps.push(depsMap.get(ITERATE_KEY))
          if (isMap(target)) {
            deps.push(depsMap.get(MAP_KEY_ITERATE_KEY))
          }
        } else if (isIntegerKey(key)) {
          // 添加新索引到数组,长度改变
          deps.push(depsMap.get('length'))
        }
        break
      case TriggerOpTypes.DELETE:
        if (!isArray(target)) {
          deps.push(depsMap.get(ITERATE_KEY))
          if (isMap(target)) {
            deps.push(depsMap.get(MAP_KEY_ITERATE_KEY))
          }
        }
        break
      case TriggerOpTypes.SET:
        if (isMap(target)) {
          deps.push(depsMap.get(ITERATE_KEY))
        }
        break
    }
  }
  const eventInfo = __DEV__
    ? { target, type, key, newValue, oldValue, oldTarget }
```

```
      : undefined
    // 如果 deps 的长度为 1,则代表为空
    if (deps.length === 1) {
      if (deps[0]) {
        if (__DEV__) {
          triggerEffects(deps[0], eventInfo)
        } else {
          triggerEffects(deps[0])
        }
      }
    } else {
      // 新增数组变量 effects,保存所有的 effect 副作用函数
      const effects: ReactiveEffect[] = []
      for (const dep of deps) {
        if (dep) {
          effects.push(...dep)
        }
      }
      // 调用 triggerEffects()执行 effect 副作用函数
      if (__DEV__) {
        triggerEffects(createDep(effects), eventInfo)
      } else {
        triggerEffects(createDep(effects))
      }
    }
  }
  export function triggerEffects(
    dep: Dep | ReactiveEffect[],
    debuggerEventExtraInfo?: DebuggerEventExtraInfo
  ) {
    // 若是数组则直接遍历,若不是则解构并保存为数组
    for (const effect of isArray(dep) ? dep : [...dep]) {
      // 如果 effect 不是激活状态或者允许递归,则触发 effect 副作用函数执行
      if (effect !== activeEffect || effect.allowRecurse) {
        // 开发环境下运行 trigger 钩子函数
        if (__DEV__ && effect.onTrigger) {
          effect.onTrigger(extend({ effect }, debuggerEventExtraInfo))
        }
        // 如果存在调度,则使用调度来执行 effect 副作用函数
        if (effect.scheduler) {
          effect.scheduler()
        } else {
          effect.run()
        }
      }
    }
  }
```

上述代码对 trigger()函数的核心步骤标注,主要有如下步骤:

(1) 依据不同类型保存副作用函数列表;

(2) 过滤当前激活副作用函数,添加其他副作用函数;

(3) 遍历所有被添加副作用函数,派发更新。

targetMap 对象存储依赖和副作用函数之间的关系。trigger()函数会对 targetMap 对象进行遍历,调用需要被执行的副作用函数。

5.1.8 ref 解析

前面已经讲过 ref 的出现是为了包装基本类型以实现代理，API 形态也有所展现，通过.value 来进行访问和修改。ref 函数的实现代码如下：

```
export function ref(value?: unknown) {
  return createRef(value, false);
}
function createRef(rawValue: unknown, shallow = false) {
  // 如果已经是 ref,则直接返回
  if (isRef(rawValue)) {
    return rawValue;
  }
  return new RefImpl(rawValue, shallow)
}
class RefImpl<T> {
  private _value: T
  private _rawValue: T
  public dep?: Dep = undefined
  // ref 标识
  public readonly __v_isRef = true
  constructor(value: T, public readonly _shallow: boolean) {
    // 如果是浅代理,则使用 toRaw 获取原始值
    this._rawValue = _shallow ? value : toRaw(value)
    this._value = _shallow ? value : toReactive(value)
  }
  get value() {
    // 依赖收集
    trackRefValue(this)
    return this._value
  }
  set value(newVal) {
    // 产生了变化,则修改
    newVal = this._shallow ? newVal : toRaw(newVal)
    if (hasChanged(newVal, this._rawValue)) {
      this._rawValue = newVal
      this._value = this._shallow ? newVal : toReactive(newVal)
      // 派发更新
      triggerRefValue(this, newVal)
    }
  }
}
// 如果是对象,则使用 reactive 代理对象
export const toReactive = <T extends unknown>(value: T): T =>
  isObject(value) ? reactive(value) : value
```

ref 也是以一个高阶函数的形式来创建的，因为 ref 也存在 shallowRef；通过上述源码也可以看到 ref 返回的是一个对象，因此在读取和写入时，需要显式地指定.value，用于触发 get 和 set 拦截。在完成对 reactive 方法解读的情况下，再查看 ref 代码，会发现 ref 内部使用了一个对象来包装传入的值，若传入的是对象，则直接使用 reactive 代理，ref 只负责处理来自.value 的访问和修改。

5.1.9 总结

响应式对象调用 reactive 函数对传入的对象进行判断，决定是否调用 createReactiveObject()

函数,该函数通过 Proxy 对象实现对对象的拦截。使用代理函数实现对传入对象的代理监听,保证在对象值变化时能及时得到通知。createReactiveObject()函数内部通过 get 方法收集依赖和 set 方法派发更新。在使用 get 进行依赖收集时,巧妙地使用 Reflect 对象进行 get 拦截,再触发整个依赖的收集。在使用 set 进行派发更新时,对读取收集到的 effect 副作用函数进行遍历,巧妙地通过 run 方法,来控制 effect 副作用函数的执行时机。

整个拦截处理完成后,再根据情况执行属性值读取或修改操作。根据传入的参数可知,此处主要针对对象进行处理,关于数组的处理方法将在 5.1.6 节详细介绍。整个响应式参数涉及流程如图 5.4 所示。

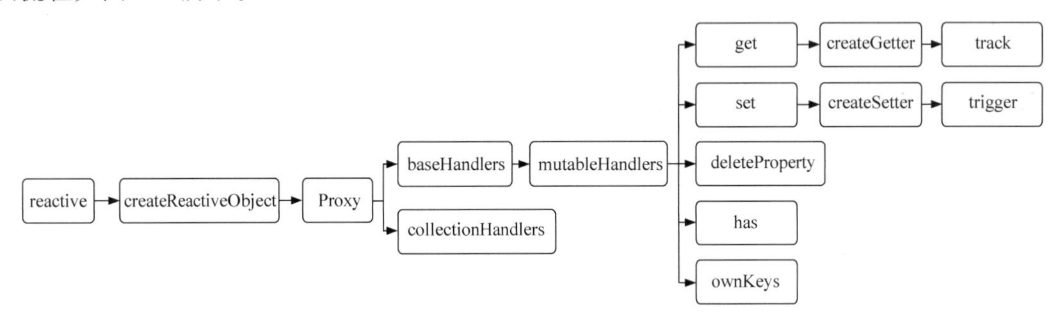

图 5.4 响应式参数

上面介绍了 track 依赖收集和 trigger 派发更新,串联 track、trigger 和 effect 副作用函数的执行步骤,完成响应式对象的处理。5.2 节将介绍 effect 副作用函数。

5.2 effect 副作用函数

当响应式数据变化时,effect 副作用函数重新触发执行。接下来对 effect 副作用函数进行分析,其核心流程与第 2 章基本类似。

5.2.1 实现

effect 副作用函数内部的主要作用是针对组件的首次渲染和更新,派发处理逻辑,默认会在首次渲染和触发响应式数据变化阶段执行。在组件首次挂载时,触发 effect 副作用函数;在组件更新时,重新执行 effect 副作用函数。该函数位于 $runtime-core_render 文件内,当组件更新时,触发 componentUpdateFn()函数的执行。具体代码实现如下:

```
// $ runtime-core_render
const effect = (instance.effect = new ReactiveEffect(
  componentUpdateFn,
  () => queueJob(instance.update),
  instance.scope // 限制在组件范围内进行跟踪
))
const update = (instance.update = effect.run.bind(effect) as SchedulerJob)
update.id = instance.uid
update()
```

componentUpdateFn()函数内有 mount(挂载)和 update(更新)两个流程。该函数在 update 属性上,首次挂载的时候,调用 update 方法执行一次 effect 副作用函数。

5.2.2 mount(挂载)

mount(挂载)流程,主要执行 patch 挂载,并且标识当前组件为已挂载状态,实现代码如下：

```
// $ runtime-core_render
if (!instance.isMounted) {
  let vnodeHook: VNodeHook | null | undefined
  const { el, props } = initialVNode
  const { bm, m, parent } = instance
  const isAsyncWrapperVNode = isAsyncWrapper(initialVNode)
  // 服务器端渲染
  if (el && hydrateNode) {
    const hydrateSubTree = () => {
      instance.subTree = renderComponentRoot(instance)
      hydrateNode!(
        el as Node,
        instance.subTree,
        instance,
        parentSuspense,
        null
      )
    }
    if (isAsyncWrapperVNode) {
      ;(initialVNode.type as ComponentOptions).__asyncLoader!().then(
        () => !instance.isUnmounted && hydrateSubTree()
      )
    } else {
      hydrateSubTree()
    }
  } else {
    const subTree = (instance.subTree = renderComponentRoot(instance))
    patch(
      null,
      subTree,
      container,
      anchor,
      instance,
      parentSuspense,
      isSVG
    )
    initialVNode.el = subTree.el
  }
  // onVnodeMounted
  if (
    !isAsyncWrapperVNode &&
    (vnodeHook = props && props.onVnodeMounted)
  ) {
    const scopedInitialVNode = initialVNode
    queuePostRenderEffect(
      () => invokeVNodeHook(vnodeHook!, parent, scopedInitialVNode),
      parentSuspense
    )
  }
  if (initialVNode.shapeFlag & ShapeFlags.COMPONENT_SHOULD_KEEP_ALIVE) {
    instance.a && queuePostRenderEffect(instance.a, parentSuspense)
  }
  instance.isMounted = true
  initialVNode = container = anchor = null as any
}
```

5.2.3 update(更新)

update(更新)流程同样执行 patch 渲染,因为是更新操作,涉及 diff 新旧 VNode 的变化,需要提前处理 props、slot 等内容,所以对更新逻辑进行分开处理。具体代码实现如下:

```
else {
  let { next, bu, u, parent, vnode } = instance
  let originNext = next
  let vnodeHook: VNodeHook | null | undefined
  toggleRecurse(instance, false)
  if (next) {
    next.el = vnode.el
    updateComponentPreRender(instance, next, optimized)
  } else {
    next = vnode
  }
  if (
    __COMPAT__ &&
    isCompatEnabled(DeprecationTypes.INSTANCE_EVENT_HOOKS, instance)
  ) {
    instance.emit('hook:beforeUpdate')
  }
  toggleRecurse(instance, true)
  const nextTree = renderComponentRoot(instance)
  const prevTree = instance.subTree
  instance.subTree = nextTree
  patch(
    prevTree,
    nextTree,
    //如果是 teleport,那么父组件可能会改变
    hostParentNode(prevTree.el!)!,
    // 如果是 fragment,那么 anchor 可能会改变
    getNextHostNode(prevTree),
    instance,
    parentSuspense,
    isSVG
  )
  next.el = nextTree.el
  if (originNext === null) {
    updateHOCHostEl(instance, nextTree.el)
  }
  if (
    __COMPAT__ &&
    isCompatEnabled(DeprecationTypes.INSTANCE_EVENT_HOOKS, instance)
  ) {
    queuePostRenderEffect(
      () => instance.emit('hook:updated'),
      parentSuspense
    )
  }
}
```

5.2.4 创建 effect 副作用函数

effect 副作用函数本身对应的是第 2 章的 watchEffect()函数在 Vue3 中源码的实现。接

下来简单查看该函数的内部逻辑,以便于理解其作用。具体代码实现如下:

```
export function effect<T = any>(
  fn: () => T,
  options?: ReactiveEffectOptions
): ReactiveEffectRunner {
  // 获取副作用函数
  if ((fn as ReactiveEffectRunner).effect) {
    fn = (fn as ReactiveEffectRunner).effect.fn
  }
  const _effect = new ReactiveEffect(fn)
  if (options) {
    extend(_effect, options)
    if (options.scope) recordEffectScope(_effect, options.scope)
  }
  // lazy 属性值控制是否立即执行
  if (!options || !options.lazy) {
    _effect.run()
  }
  const runner = _effect.run.bind(_effect) as ReactiveEffectRunner
  runner.effect = _effect
  return runner
}
```

上述代码对 fn 本身进行处理后,创建了一个 effect 副作用函数,再判断是否需要懒加载,判断 effect 副作用函数是否立即执行。

5.2.5 ReactiveEffect()函数

effect 副作用函数调用了 ReactiveEffect()构造函数,该函数接收 3 个参数:执行函数、异步队列任务和可选参数 scope。ReactiveEffect()构造函数的主要实现逻辑为:创建一个 effect 副作用函数;设置内部属性使需要执行的 effect 副作用函数在缓存队列快速被找到。捕获传入的 fn 函数执行的错误,避免 fn 函数错误导致 effect 执行崩溃。具体代码实现如下:

```
export class ReactiveEffect<T = any> {
    active = true
    deps: Dep[] = []
    // 创建后可以再次计算
    computed?: boolean
    allowRecurse?: boolean
    onStop?: () => void
    // dev only
    onTrack?: (event: DebuggerEvent) => void
    // dev only
    onTrigger?: (event: DebuggerEvent) => void
    constructor(
      public fn: () => T,
      public scheduler: EffectScheduler | null = null,
      scope?: EffectScope | null
    ) {
      recordEffectScope(this, scope)
    }
    run() {
      if (!this.active) {
        // 非激活状态处理
        return this.fn()
```

```
        }
        // 确保副作用栈中没有当前副作用函数
        if (!effectStack.includes(this)) {
          try {
            // 设置当前副作用函数为激活副作用
            effectStack.push((activeEffect = this))
            // 开启收集
            enableTracking()
            // 递归次数加 1
            trackOpBit = 1 << ++effectTrackDepth
            // 判断是否达到最大递归调用次数
            if (effectTrackDepth <= maxMarkerBits) {
              initDepMarkers(this)
            } else {
              // 清理当前副作用函数依赖
              cleanupEffect(this)
            }
            return this.fn()
          } finally {
            // 如果小于最大调用次数,则完成
            if (effectTrackDepth <= maxMarkerBits) {
              finalizeDepMarkers(this)
            }
            // 完成本次 effect 副作用函数执行后,标识位减少 1
            trackOpBit = 1 << --effectTrackDepth
            // 重置收集栈,删除已执行的副作用函数,重置当前激活的副作用函数
            resetTracking()
            effectStack.pop()
            const n = effectStack.length
            activeEffect = n > 0 ? effectStack[n - 1] : undefined
          }
        }
      }
      stop() {
        if (this.active) {
          cleanupEffect(this)
          if (this.onStop) {
            this.onStop()
          }
          this.active = false
        }
      }
    }
```

effect 副作用函数负责预处理 fn 函数,确保 fn 函数是一个非 effect 副作用函数。函数内部 lazy 选项和 computed 强相关,配置成 true 会使得 effect 副作用函数默认不立即执行。

由 ReactiveEffect 函数的内部实现逻辑可知,effect 副作用函数仅是一个包裹函数,在它的内部执行 fn 函数和处理 effectStack 相关内容。

5.2.6 处理激活状态

effect.active 表示副作用函数的激活状态,默认为 true。在停止一个副作用函数后会将其置成 false。非激活状态的 effect 副作用函数被调用时,如果不存在异步调度,则直接执行 fn 函数;如果存在异步调度,则直接返回 null。

5.2.7 清除操作

effect.deps 是一个数组，存储的是该 effect 副作用函数依赖的每个属性的 depsSet 副作用函数表，track 阶段建立的依赖存储在表中。每个响应式对象触发依赖收集的 key 都会对应 depsSet 表中的一个副作用函数。

effect 的 deps 存储是的当前 effect 依赖属性的副作用 depsSet 表，这是一个双向指针的处理方式，不仅在依赖收集的时候，会将副作用函数与 target→key→depsSet 关联起来，同时也会保持 depsSet 的引用存储在 effect.deps 上。当超出最大递归次数，或调用 effect 副作用函数的 stop 方法时，将调用 cleanupEffect()函数清理 effect 副作用函数中保存的依赖。

cleanupEffect()函数的代码实现如下：

```
function cleanupEffect(effect: ReactiveEffect) {
  const { deps } = effect
  if (deps.length) {
    for (let i = 0; i < deps.length; i++) {
      deps[i].delete(effect)
    }
    deps.length = 0
  }
}
```

5.2.8 执行 fn

fn 的执行采用 try...finally 来捕获错误，即使 fn 执行出错，还是能保证 effectStack、activeEffect 的正确维护。

在正式执行 fn 之前，会有一个压栈的操作，由于 effect 的执行会存在嵌套的情况，比如，组件渲染函数的执行遇到了子组件就会跳到子组件的渲染函数中，函数的嵌套调用使用到栈结构，而栈的先进后出性质能很好地保证 activeEffect 的正确回退。fn 执行完成后，就进行出栈操作，跳回到上一个 effect 中，至此整个逻辑完整地进行了串联。

5.2.9 总结

整个响应式逻辑已介绍完成，包括 effect()函数与 track 和 trigger 之间的关系，串联响应式数据的处理流程。可以结合第 2 章的逻辑一起理解整个流程。虽然 Vue3 内的核心逻辑代码有所增加，对不同值类型、边界情况等进行了处理，但核心逻辑实现与第 2 章完全一致。下面通过关系图(见图 5.5)再对整个 effect 副作用函数的执行进行梳理。以便读者理解 effect 副作用函数的作用以及响应式数据的 get 和 set 内部作用。

图 5.5 createReactiveEffect()函数流程

5.3 节将会介绍使用 effect、track 和 trigger 实现的方法。

5.3 watch 监听

前面介绍了响应式数据原理后，本节将介绍响应式核心 API 的使用。watch 函数就是对响应式数据的封装实现。watch 函数在 Vue2.x 已存在，在 Vue3 中进行了增强，并且扩展出 watchEffect()函数。

5.3.1 watch 函数

watch 函数可以在 $reactivity_apiWatch.ts 文件内查看。在该文件内可以看到多个 watch 函数导出，该方法为 TypeScript 语法内的函数重载。具体代码实现如下：

```
export function watch<T = any, Immediate extends Readonly<boolean> = false>(
  source: T | WatchSource<T>,
  cb: any,
  options?: WatchOptions<Immediate>
): WatchStopHandle {
  return doWatch(source as any, cb, options)
}
```

上述 watch 函数接收 3 个参数：WatchSource、cb 和 options。WatchSource 是需要通过 watch 监听的函数，cb 是需要执行的回调函数，options 是对应的配置属性。通过高阶函数方法调用 doWatch()函数。下面根据代码逻辑查看 doWatch()函数的实现。该函数实现内容较多，主要包括以下逻辑：

(1) 初始化 getter 和相关变量；

(2) 判断传入数据类型，根据数据类型执行不同的数据处理，得到 getter()函数；

(3) 处理 SSR 情况；

(4) 创建调度工作；

(5) 初始化调度函数；

(6) 创建 effect 副作用函数；

(7) 返回 stop 函数。

上面对 doWatch()函数所做的工作进行了简单的介绍，下面详细介绍 doWatch 函数内部的执行情况。

5.3.2 初始化

根据传入的参数对 getter()函数执行不同的初始化。watch 支持的传入参数类型为 ref、reactive object、getter/effect function 和包含上述类型的数组。具体逻辑如下：

如果数据源为 ref，则直接获取 value 值并返回，并且判断是否为浅代理，标识是否强制触发。

```
if (isRef(source)) {
  getter = () => source.value
  forceTrigger = !!source._shallow
}
```

如果数据源为 reactive 类型，则直接返回该对象，并强制设置为深度监听。

```
else if (isReactive(source)) {
  getter = () => source
  deep = true
}
```

如果数据源为数组类型，则标识为多元数据，并根据是否有 reactive 类型数据标识强制触发。完成标识后遍历数组的每一项，若为 ref 类型则读取 value 值；若为 reactive 类型则递归数据；若为函数，则执行对应函数，并通过 callWithErrorHandling()函数捕获对应错误。

```
else if (isArray(source)) {
  isMultiSource = true
  forceTrigger = source.some(isReactive)
  getter = () => source.map(s => {
    if (isRef(s)) {
      return s.value
    } else if (isReactive(s)) {
      return traverse(s)
    } else if (isFunction(s)) {
      return callWithErrorHandling(s, instance, ErrorCodes.WATCH_GETTER)
    } else {
      __DEV__ && warnInvalidSource(s)
    }
  })
}
```

如果数据源(source)为函数类型，且有回调函数，则执行对应的 source 函数，并通过 callWithErrorHandling()函数捕获对应的错误；若没有回调函数，则判断是否有上下文，若有上下文则判断是否为激活状态，清理上一次执行的回调函数，并执行该 source 函数。具体代码实现如下：

```
else if (isFunction(source)) {
  if (cb) {
    // getter with cb
    getter = () =>
      callWithErrorHandling(source, instance, ErrorCodes.WATCH_GETTER)
  } else {
    // no cb -> simple effect
    getter = () => {
      if (instance && instance.isUnmounted) {
        return
      }
      if (cleanup) {
        cleanup()
      }
      return callWithAsyncErrorHandling(
        source,
        instance,
        ErrorCodes.WATCH_CALLBACK,
        [onInvalidate]
      )
    }
  }
}
```

完成 getter()函数后，处理 Vue2.x 的 watch 监听类型，判断是否为兼容模式。在有回调函数且不是深度遍历的情况下，执行 getter()函数，并对函数返回值进行处理，如果是数组则深度遍历，如果不是则直接返回。具体代码实现如下：

```
if (__COMPAT__ && cb && !deep) {
  const baseGetter = getter
  getter = () => {
```

```
      const val = baseGetter()
      if (
        isArray(val) &&
        checkCompatEnabled(DeprecationTypes.WATCH_ARRAY, instance)
      ) {
        traverse(val)
      }
      return val
    }
  }
```

在有回调函数和深度遍历情况下，直接通过 traverse()函数执行深度遍历。具体代码实现如下：

```
if (cb && deep) {
  const baseGetter = getter
  getter = () => traverse(baseGetter())
}
```

上述判断完成后，初始化 wacth 的停止监听函数 onInvalidate()。onInvalidate()函数用于 watch 监听停止后，执行用户传递的回调函数，并且将该方法保存在 cleanup 对象内，以便后续执行。watch 函数监听也会保存在 cleanup 对象内，在元素进行修改时，会先调用 cleanup 进行清理。

```
let cleanup: () => void
let onInvalidate: InvalidateCbRegistrator = (fn: () => void) => {
  cleanup = runner.options.onStop = () => {
    callWithErrorHandling(fn, instance, ErrorCodes.WATCH_CLEANUP)
  }
}
```

判断是否为 SSR 环境，若是则立刻执行 getter()函数，注销监听，结束该函数的执行。

```
if (__SSR__ && isInSSRComponentSetup) {
  onInvalidate = NOOP
  if (!cb) {
    getter()
  } else if (immediate) {
    callWithAsyncErrorHandling(cb, instance, ErrorCodes.WATCH_CALLBACK, [
      getter(),
      isMultiSource ? [] : undefined,
      onInvalidate
    ])
  }
  return NOOP
}
```

接下来初始化异步队列需要执行的 job 回调函数，该函数将判断是否有用户传入的 cb 回调函数。若没有则直接执行 effect.run()方法，并结束该函数的执行；若有 cb 回调函数，则同样执行 effect.run()方法，将执行结果保存为新值(newValue)后开始处理旧值，判断是否深度监听、强制触发、多元数据、新值有变化，如果以上情况中有一种为是，则直接清理上一次执行队列，并执行 cb 回调函数，返回新值、旧值和 watch 监听停止回调函数 onInvalidate。具体代码实现如下：

```
let oldValue = isMultiSource ? [] : INITIAL_WATCHER_VALUE
const job: SchedulerJob = () => {
```

```
  if (!effect.active) {
    return
  }
  if (cb) {
    // watch(source, cb)
    const newValue = effect.run()
    if (
      deep ||
      forceTrigger ||
      (isMultiSource
        ? (newValue as any[]).some((v, i) =>
            hasChanged(v, (oldValue as any[])[i])
          )
        : hasChanged(newValue, oldValue)) ||
      (__COMPAT__ &&
        isArray(newValue) &&
        isCompatEnabled(DeprecationTypes.WATCH_ARRAY, instance))
    ) {
      // 再次运行 cb 前进行清理
      if (cleanup) {
        cleanup()
      }
      callWithAsyncErrorHandling(cb, instance, ErrorCodes.WATCH_CALLBACK, [
        newValue,
        // 旧值在第一次变化时若未定义,则忽略
        oldValue === INITIAL_WATCHER_VALUE ? undefined : oldValue,
        onInvalidate
      ])
      oldValue = newValue
    }
  } else {
    // watchEffect
    effect.run()
  }
}
```

5.3.3 scheduler 异步队列

异步执行队列声明后,开始创建 scheduler 异步队列,并根据 flush 的值决定是同步执行、异步执行,还是在组件挂载前执行一次。

```
job.allowRecurse = !!cb
scheduler: EffectScheduler
if (flush === 'sync') {
  scheduler = job as any
} else if (flush === 'post') {
  scheduler = () => queuePostRenderEffect(job, instance && instance.suspense)
} else {
  // default: 'pre'
  scheduler = () => {
    if (!instance || instance.isMounted) {
      queuePreFlushCb(job)
    } else {
      job()
    }
  }
}
```

完成该异步队列声明后，使用 ReactiveEffect()构造函数实例化出 effect 副作用函数，以便后续执行。传入 getter 函数和 scheduler()函数(副作用执行函数)，代码实现如下：

```
const effect = new ReactiveEffect(getter, scheduler)
```

若有 cb 回调函数，且 immediate 参数值为 true，则调用 job()函数，若 immediate 参数值为 false，则执行 runner()函数并将函数返回值赋值给 oldValue；若无 cb 回调函数，且 flush 为 post，则使用 queuePostRenderEffect()函数异步执行 effect.run()方法。其他情况直接执行 job()方法。

```
if (cb) {
    if (immediate) {
      job()
    } else {
      oldValue = effect.run()
    }
  } else if (flush === 'post') {
    queuePostRenderEffect(effect.run.bind(effect), instance && instance.suspense)
  } else {
    job()
  }
```

调用 queuePostRenderEffect()函数判断上下文是否为 suspense 异步组件，若为 suspense 异步组件，则收集对应的 effect；若不是 suspense 异步组件，则直接调用异步队列处理。具体代码实现如下：

```
//$ runtime-core_render.ts
export const queuePostRenderEffect = __FEATURE_SUSPENSE__
? queueEffectWithSuspense
: queuePostFlushCb
```

上述方法根据是否为 suspense 异步组件调用 queueEffectWithSuspense()或调用 queuePostFlushCb()函数。

queueEffectWithSuspense()内部判断是否异步组件，若是，则在异步组件内收集 effect 副作用函数；若不是，则执行 queuePostFlushCb()函数。具体代码实现如下：

```
export function queueEffectWithSuspense(
  fn: Function | Function[],
  suspense: SuspenseBoundary | null
): void {
  if (suspense && suspense.pendingBranch) {
    if (isArray(fn)) {
      suspense.effects.push(...fn)
    } else {
      suspense.effects.push(fn)
    }
  } else {
    queuePostFlushCb(fn)
  }
}
```

完成执行后，返回停止监听函数。以上便是 watch 函数的具体内部实现。根据对代码的拆解可以看出，watch 函数内部其实也是调用的 effect 副作用函数收集对应依赖，处理数据监听，并在数据改变后，执行对应的 effect 副作用函数。

5.3.4 watchEffect()函数

完成 watch 函数的实现后，再来分析 watchEffect()函数，可以发现，和 watch 函数相比，二者本质上只是传入 dowatch()函数的参数不同，在介绍 dowatch()函数内部实现时，已经对 watchEffect()函数进行了适配，根据实现传入参数不同，通过递归等方法注册 getter 函数，实现依赖收集。具体代码实现如下：

```
function watchEffect(
  effect: WatchEffect,
  options?: WatchOptionsBase
): WatchStopHandle {
  return doWatch(effect, null, options)
}
```

5.3.5 总结

watch 函数依赖响应式逻辑实现，内部根据传入参数调用 getter 函数进行依赖收集，并实时监听数据。在数据变化后及时派发更新，通知 effect 执行。通过对本节的学习，可更好地了解 watch 函数本身的特性以及 watch 和 watchEffect()函数的差异。

5.4 computed 函数

Vue3 中的 computed 函数与 Vue2 中的用法不同，Vue2 中在 data 内直接写 computed 方法即可，在 Vue3 中该方法已经被函数化。在使用时需要提供一个 get 和 set 方法，分别用于接收和传递响应式数据。

computed 函数的代码实现如下：

```
// reload 1
export function computed<T>(
  getter: ComputedGetter<T>,
  debugOptions?: DebuggerOptions
): ComputedRef<T>
// reload 2
export function computed<T>(
  options: WritableComputedOptions<T>,
  debugOptions?: DebuggerOptions
): WritableComputedRef<T>
// computed
export function computed<T>(
  getterOrOptions: ComputedGetter<T> | WritableComputedOptions<T>,
  debugOptions?: DebuggerOptions
) {
  let getter: ComputedGetter<T>
  let setter: ComputedSetter<T>
  const onlyGetter = isFunction(getterOrOptions)
  if (onlyGetter) {
    getter = getterOrOptions
    setter = __DEV__
      ? () => {
          console.warn('Write operation failed: computed value is readonly')
        }
      : NOOP
  } else {
    getter = getterOrOptions.get
    setter = getterOrOptions.set
  }
```

```
  const cRef = new ComputedRefImpl(getter, setter, onlyGetter || !setter)
  if (__DEV__ && debugOptions) {
    cRef.effect.onTrack = debugOptions.onTrack
    cRef.effect.onTrigger = debugOptions.onTrigger
  }
  return cRef as any
}
```

此处通过函数重载对多种传参进行处理，直接查看 computed()函数的实现。首先声明 getter 和 setter，判断 getterOrOptions()是否为函数，若为函数则将该函数赋值给 getter 变量保存，setter 变量设置为空，表示只读，不可修改；若不是则将传递的参数 getterOrOptions 中的 get 和 set 属性通过 getter 和 setter 变量保存，最后返回 ComputedRefImpl 实例。具体代码实现如下：

```
class ComputedRefImpl<T> {
  public dep?: Dep = undefined
  // 缓存当前值
  private _value!: T
  // 是否需要重新求值
  private _dirty = true
  public readonly effect: ReactiveEffect<T>
  public readonly __v_isRef = true;
  public readonly [ReactiveFlags.IS_READONLY]: boolean
  constructor(
    getter: ComputedGetter<T>,
    private readonly _setter: ComputedSetter<T>,
    isReadonly: boolean
  ) {
  // 创建 getter 副作用函数
    this.effect = new ReactiveEffect(getter, () => {
      if (!this._dirty) {
        this._dirty = true
        triggerRefValue(this)
      }
    })
    this[ReactiveFlags.IS_READONLY] = isReadonly
  }
// 执行 get
  get value() {
    const self = toRaw(this)
    trackRefValue(self)
    if (self._dirty) {
      self._dirty = false
      self._value = self.effect.run()!
    }
    return self._value
  }
// 执行 set
  set value(newValue: T) {
    this._setter(newValue)
  }
}
```

由上述代码可以看出整个 ComputedRefImpl()的执行情况。

5.4.1 创建 getter 副作用函数

在 computed 内部创建 ReactiveEffect 实例并传入 getter 副作用函数，其中第二个参数是一个通过匿名函数传入ReactiveEffect()内的定时调度函数。该定时调度函数是否执行,将依赖_dirty属性值的状态。若为true,则不执行内部逻辑;若为false,则调用triggerRefValue()触发ref值。

ReactiveEffect()内部主要涉及收集、触发、运行和停止的方法。在内部通过数组维护一个临时栈,若当前执行函数未在临时栈内,则执行入栈操作,在执行完成后通过pop执行出栈操作。

此处将会根据栈内数据的情况判断,如果超过30个栈,则直接清理;若少于30个栈则处理,并且在完成后调用finally()函数,该方法内执行栈的删除和数据的重置工作,以便下一个对象使用。具体代码实现如下:

```
//$ reactivity_effect.ts
run() {
    if (!this.active) {
      return this.fn()
    }
    if (!effectStack.includes(this)) {
      try {
        effectStack.push((activeEffect = this))
        enableTracking()
        trackOpBit = 1 << ++effectTrackDepth
        if (effectTrackDepth <= maxMarkerBits) {
          initDepMarkers(this)
        } else {
          cleanupEffect(this)
        }
        return this.fn()
      } finally {
        if (effectTrackDepth <= maxMarkerBits) {
          finalizeDepMarkers(this)
        }
        trackOpBit = 1 << --effectTrackDepth
        resetTracking()
        effectStack.pop()
        const n = effectStack.length
        activeEffect = n > 0 ? effectStack[n - 1] : undefined
      }
    }
  }
```

在后面调用run方法时,将执行上述代码,调用副作用函数,触发数据的修改。run方法的调用位置将会在5.4.2节中介绍。该步骤完成后,对ReactiveEffect()构造函数内部有初步的认识。在ComputedRefImpl实例内创建了一个getter副作用函数,并且赋予了对应的方法,可在合适的时机执行该方法。完成getter副作用函数的创建后,应继续创建ref。

5.4.2 创建cRef

cRef的创建主要关注get的实现即可。get返回的是computed函数作用域下的value。在get方法内部可以看到,get内部主要将当前上下文的数据进行响应式处理,再调用trackRefValue()函数,执行依赖收集,并且通过_dirty属性值判断是否需要重新求值,当_dirty为true时会执行effect副作用函数的run方法求新值,如果不需要则直接返回value。

此处需要注意,_dirty参数值为true时,将把_dirty参数改为false,并调用当前上下文的

run 方法。run 方法在初始化时创建,调度执行函数会根据!this._dirty 的值决定是否执行 triggerRefValue()函数进行重新求值。

关于触发新值更新的问题,需回到 5.4 节介绍的 run 方法的声明位置,在副作用函数的调度函数选项中传入如下匿名函数:

```
() => {
  if (!this._dirty) {
    this._dirty = true
    triggerRefValue(this)
  }
  ...
}
```

当第一次访问 computedRef.value 时会执行 run 方法。经过 5.4 节的解析可知,effect 返回的是一个包裹 getter 的副作用函数,执行 run 方法就会触发 getter 内部访问的响应式变量的依赖收集。当 getter 依赖的响应式数据发生变化时会触发 trigger,重新执行 run 方法。若传递了调度函数选项,则 run 方法以 scheduler 的形式调用。因此在 getter 依赖的响应式数据产生变化时会触发 run 方法执行更新。

继续查看 scheduler 的内部实现,发现其中并没有直接通过 getter 求值,而是在_dirty 为 false 时触发 computedRef 的 trigger,这意味着此时依赖于 computedRef 的副作用函数会重新执行,而在这个副作用函数中一定会对 computedRef 产生 get 访问,此时回到 get 函数内部会发现_drity 的值被设置为 true,执行 run 方法进行真实的求值。需要求新值的时刻发生在传入 computed 函数内的响应式数据发生改变的时候。

5.4.3 总结

computed 函数同样依赖响应式系统,该函数通过 getter 和 setter 方法实现,将当前上下文的数据进行响应式处理,再执行依赖收集和派发更新。当依赖的数据发生变化时会重新计算需返回的新值。

5.5 拓展方法

5.5.1 customRef()函数

前面介绍 reactive 和 ref 时,对数据响应式原理进行了分析和理解。在了解基本原理的基础上,本节继续介绍与 ref 类似的 customRef()函数。该函数可以更加灵活地实现响应式数据操作,并且可根据情况自行决定依赖收集和派发更新。具体代码实现如下:

```
customRef((track, trigger) => {
  return {
    get() {
      track();
      return value;
    },
    set(newValue) {
      value = newValue;
      trigger();
    },
  };
});
```

在上述代码中，customRef()将 track 和 trigger 函数以参数形式传入 get 和 set 方法，并可以在 get 和 set 方法内手动执行依赖收集和派发更新。下面详细介绍该函数的实现方式。

该函数的实现位于 $reactivity_ref 文件内，函数实现如下：

```
export function customRef<T>(factory: CustomRefFactory<T>): Ref<T> {
return new CustomRefImpl(factory) as any
}
```

上述代码返回一个接收 factory 参数的 CustomRefImpl 实例。下面给出该实例的实现逻辑：

```
class CustomRefImpl<T> {
  private readonly _get: ReturnType<CustomRefFactory<T>>['get']
  private readonly _set: ReturnType<CustomRefFactory<T>>['set']
  public readonly __v_isRef = true
  constructor(factory: CustomRefFactory<T>) {
    const { get, set } = factory(
      () => trackRefValue(this),
      () => triggerRefValue(this),
    )
    this._get = get
    this._set = set
  }
  get value() {
    return this._get()
  }
  set value(newVal) {
    this._set(newVal)
  }
}
```

CustomRefImpl()构造函数内通过 factory 参数将 track 和 trigger 进行暴露，并且将用户自定义的 get 和 set 保存在私有变量_get 和_set 中。调用 get 和 set 方法时，执行_get 和_set 变量对应的方法，以达到重写 get 和 set 的目的，最终返回包装的 ref 对象。

经过简单的改造，可以更加灵活地通过 customRef()函数控制 track 和 trigger 的时机。

5.5.2 readonly()函数

围绕响应式数据的封装，本节将会继续介绍 readonly()函数的实现，该函数返回只读的响应式数据。使用 readonly()函数创建的内容将不支持修改。下面将具体介绍该函数的实现原理。

readonly()函数定义在 $reactivity_reactive 文件内。具体代码实现如下：

```
export function readonly<T extends object>(
  target: T
): DeepReadonly<UnwrapNestedRefs<T>> {
  return createReactiveObject(
    target,
    true,
    readonlyHandlers,
    readonlyCollectionHandlers,
    readonlyMap
  )
}
```

由上述代码可知，readonly()函数内部返回 createReactiveObject()函数，该函数在 5.1.4 节已进行过介绍。该函数需传入 5 个参数，分别为 target、isReadonly、baseHandlers、collectionHandlers 和 readonlyMap。在该函数内，如果 isReadonly 状态为 true，则使用 readonlyMap 对象保存数据，并且通过 Proxy 对象对传入的代理函数进行代理，此处逻辑与 reactive 基本相同。拦截函数 readonlyHandlers()位于 $reactivity_baseHandlrs 文件内，具体代码实现如下：

```
export const readonlyHandlers: ProxyHandler<object> = {
  get: readonlyGet,
  set(target, key) {
    if (__DEV__) {
      console.warn(
        `Set operation on key "${String(key)}" failed: target is readonly.`,
        target
      )
    }
    return true
  },
  deleteProperty(target, key) {
    if (__DEV__) {
      console.warn(
        `Delete operation on key "${String(key)}" failed: target is readonly.`,
        target
      )
    }
    return true
  }
}
```

由上述代码可知，对于只读对象，调用 get 方法将执行 readonlyGet()函数，调用 set 和 deleteProperty()函数将会在开发环境抛出警告，提示不能修改或删除。readonlyGet()函数内部调用 createGetter()函数时将传入 true 参数。该函数内部主要在只读情况下对数据类型进行判断，然后返回对应值，此处不展开讲解。readonly()函数和 reactive()函数最大的区别在于，readonly()函数不进行依赖收集，如果不是浅代理则递归返回数据；若为浅代理，则直接返回。

5.5.3 shallow()函数

shallow()函数表示浅代理，若遇到该状态将不会对数据递归处理，涉及的浅代理函数有 shallowRef()、shallowReactive()和 shallowReadonly()。通过浅代理声明的对象将仅代理第一层基础数据。

shallowRef()函数定义在 $reactitity_ref 文件内，通过高阶函数形式返回 createRef()函数。具体代码实现如下：

```
export function shallowRef<T extends object>(
  value: T
): T extends Ref ? T : Ref<T>
export function shallowRef<T>(value: T): Ref<T>
export function shallowRef<T = any>(): Ref<T | undefined>
export function shallowRef(value?: unknown) {
  return createRef(value, true)
}
```

shallowRef()函数实现也涉及函数重载，根据传入参数不同调用不同的方法。该函数内部对数据进行简单过滤后，通过 new 返回新实例，该实例的构造函数为 RefImpl()。具体代码实现如下：

```
class RefImpl<T> {
  private _value: T
  private _rawValue: T
  public dep?: Dep = undefined
  public readonly __v_isRef = true
  constructor(value: T, public readonly _shallow: boolean) {
    this._rawValue = _shallow ? value : toRaw(value)
    this._value = _shallow ? value : toReactive(value)
  }
  get value() {
    trackRefValue(this)
    return this._value
  }
  set value(newVal) {
    newVal = this._shallow ? newVal : toRaw(newVal)
    if (hasChanged(newVal, this._rawValue)) {
      this._rawValue = newVal
      this._value = this._shallow ? newVal : toReactive(newVal)
      triggerRefValue(this, newVal)
    }
  }
}
```

RefImpl()构造函数内部实现 get 和 set 方法，在 constructor 初始化阶段，若处于浅代理，在 get 时直接返回 value 值并做依赖收集。在 set 时直接返回传入的 value 值，派发更新，并且不对数据做深层次处理。

5.5.4 shallowReactive()函数

shallowReactive()函数的实现与 readonly()函数在同一位置，位于 $reactivity_reactive 文件内。该函数同样返回 createReactiveObject()函数，并直接查看代理对象 shallowReactiveHandlers。具体代码实现如下：

```
// $reactivity_bbaseHandlers.ts
export const shallowReactiveHandlers = /*#__PURE__*/ extend(
  {},
  mutableHandlers,
  {
    get: shallowGet,
    set: shallowSet
  }
)
```

通过 extend 方法合并 mutableHandlers、get 和 set 对象，mutableHandlers 对象的代码实现如下：

```
export const mutableHandlers: ProxyHandler<object> = {
  get,
  set,
  deleteProperty,
  has,
  ownKeys
}
```

mutableHandlers 对象代理 set、deleteProperty、has 和 ownKeys 对象，并且使用 shallowGet()和 shallowSet()函数重写 set 和 get，上述两个函数的定义内容如下：

```
const shallowGet = /* #__PURE__ */ createGetter(false, true)
const shallowSet = /* #__PURE__ */ createSetter(true)
```

5.5.5 shallowReadonly()函数

shallowReadonly()函数同样定义在 $reactivity.ts 文件内，该函数实现逻辑基本与 shallowReactive()函数类似。具体代码实现如下：

```
export function shallowReadonly<T extends object>(
  target: T
): Readonly<{ [K in keyof T]: UnwrapNestedRefs<T[K]> }> {
  return createReactiveObject(
    target,
    true,
    shallowReadonlyHandlers,
    readonlyCollectionHandlers,
    shallowReadonlyMap
  )
}
```

同样，返回 createReactiveObject()函数，并且传入代理对象 shallowReadonlyHandlers，该对象的代码实现如下：

```
export const shallowReadonlyHandlers = /* #__PURE__ */ extend(
  {},
  readonlyHandlers,
  {
    get: shallowReadonlyGet
  }
)
```

因为是浅代理并且是 readonly 状态，所以只需要代理 get 对象。

5.5.6 总结

通过对 shallow()函数、readonly()函数、customRef()函数的介绍可知，与 reactive 相关的函数实现均定义在 $reactitity_reactive 文件内，与 ref 相关的函数实现均定义在 $reactitity_ref 文件内。由上面的分析可知，与 ref 相关的内容均是调用 createRef()函数，与 reactive 相关的内容均是调用 createReactiveObject()函数，这两个函数内部实现了对 readonly 状态、shallow 状态的处理，在创建对应的方法时，可通过策略模式和高阶函数的方式减少重复代码。

第6章 CHAPTER 6 生命周期

在 Vue3 中,生命周期是十分重要的概念。本章将深入描述组件的生命周期逻辑,介绍各个生命周期阶段的处理过程。帮助读者更好地理解组件在生命周期的不同阶段所做工作。例如,加载组件完成时请求数据;卸载组件时卸载数据、释放内存等。

观看视频速览本章主要内容。

6.1 生命周期函数

前面经常会接触到生命周期相关内容,本节对生命周期的处理进行介绍。

6.1.1 执行顺序

关于生命周期,Vue3 在 Vue2 的基础上有简单的变化,在 Vue3 中引入 setup 函数代替 Vue2 中的 beforeCreate 和 create 生命周期函数。在 Vue3 中,整个生命周期的钩子函数可以在 setup 内使用,也可以按照 Vue2 中 options API 方式调用生命周期钩子函数。整个执行流程如图 6.1 所示。

```
[vite] connecting...
[vite] connected.
setup - setup
options - beforeCreate
options - create
setup - onBeforeMount
options - beforeMount
setup - onMount
options - mount
>
```

图 6.1 执行流程

由于 options API 的兼容是在 setup 函数内实现,因此 setup 内生命周期钩子函数的执行早于以 options API 方式调用的生命周期钩子函数。

根据图 6.1 可知,创建组件时,首先触发 setup 执行,再触发 beforeCreate 和 create 钩子函数执行。

整个生命周期钩子函数变化如表 6.1 所示。

表 6.1 生命周期钩子函数变化

作　　用	Vue2	Vue3
准备初始化数据	beforeCreate	setup
初始化数据完成	created	setup
准备挂载元素	beforeMount	onBeforeMount

续表

作　　用	Vue2	Vue3
挂载元素完成	mounted	onMounted
准备更新	beforeUpdate	onBeforeUpdate
更新完成	updated	onUpdated
准备卸载	beforeDestory	onBeforeUnmount
卸载完成	destoryed	onUnmounted
Vue 存活，进入页面	activated	onActivated
Vue 存活，离开页面	deactivated	onDeactivated
捕获错误	errorCaptured	onErrorCaptured
状态跟踪	—	onRenderTracked
状态触发	—	onRenderTriggered

6.1.2　生命周期实现

在 $ runtime-core_apiLifecycle 文件内可查询所有生命周期钩子函数的实现。

该文件内除 onErrorCaptured 外的所有钩子函数均通过 createHook 触发，具体代码实现如下：

```
export const createHook =
  <T extends Function = () => any>(lifecycle: LifecycleHooks) =>
  (hook: T, target: ComponentInternalInstance | null = currentInstance) =>
    (!isInSSRComponentSetup || lifecycle === LifecycleHooks.SERVER_PREFETCH) &&
    injectHook(lifecycle, hook, target)
```

上述代码对 SSR 类型进行处理。在 SSR 模式下，该函数不可以使用。调用 injectHook()函数时，传入的参数如下：

lifecycle——各钩子函数简写。

hook——错误捕获回调函数。

target——当前组件上下文。

prepend——hook 函数插入队列位置。

介绍完 createHook()函数后，再查看 onErrorCaptured()函数内部实现。具体代码实现如下：

```
export function onErrorCaptured<TError = Error>(
  hook: ErrorCapturedHook<TError>,
  target: ComponentInternalInstance | null = currentInstance
) {
  injectHook(LifecycleHooks.ERROR_CAPTURED, hook, target)
}
```

onErrorCaptured()函数也会调用 injectHook()函数，同样调用 injectHook()函数为何不封装到一起呢？其主要原因是 createHook()函数在 SSR 环境下不能使用，而 onErrorCaptured()函数是可以在 SSR 环境下使用的，为了兼容不同的使用场景，所以通过两个不同的函数实现，最终调用的函数均为 injectHook()函数。下面查看 injectHook()函数实现。

6.1.3　injectHook()函数

injectHook()函数将钩子函数回调放到队列内，以避免出现同时触发多个回调函数的问题。

injectHook 函数在执行过程中将会进行简单的处理,包括关闭依赖收集、设置当前组件实例上下文等。执行完成后将结果返回给组件实例,以便后续直接调用执行。具体代码实现如下:

```
export function injectHook(
  type: LifecycleHooks,
  hook: Function & { __weh?: Function },
  target: ComponentInternalInstance | null = currentInstance,
  // 是否放置在钩子函数回调队列最开头
  prepend: boolean = false
): Function | undefined {
  if (target) {
// 判断 target 队列内是否存在该类型的钩子函数
    const hooks = target[type] || (target[type] = [])
    // 缓存被注入钩子的错误处理包装器,以便调度器可以正确地删除同一个钩子."__weh"代表"错
    // 误处理"
    const wrappedHook =
      hook.__weh ||
      (hook.__weh = (...args: unknown[]) => {
        if (target.isUnmounted) {
          return
        }
        // 在整个生命周期在钩子函数中禁用跟踪
        pauseTracking()
        // 在调用的时候设置 currentInstance 的值,这使得这个钩子函数的执行不会同步触发其他
        // 钩子函数
        setCurrentInstance(target)
        // 开始执行钩子函数
        const res = callWithAsyncErrorHandling(hook, target, type, args)
        // 执行完成后重置 currentInstance
        unsetCurrentInstance()
        // 启用跟踪
        resetTracking()
        // 返回执行结果
        return res
      })
      // 在其他队列前执行
    if (prepend) {
      hooks.unshift(wrappedHook)
    } else {
      // 在其他队列后执行
      hooks.push(wrappedHook)
    }
    // 返回最后结果
    return wrappedHook
  }
}
```

上述代码主要做钩子函数回调队列的收集和保存。关于钩子函数回调队列的执行,还需要执行 invokeArrayFns()函数调用生命周期函数。该函数内部通过 for 循环保存队列信息。具体代码实现如下:

```
export const invokeArrayFns = (fns: Function[], arg?: any) => {
  for (let i = 0; i < fns.length; i++) {
    fns[i](arg);
  }
};
```

6.1.4 总结

完成该步骤后，生命周期函数使用前的准备工作即完成，上面介绍了整个生命周期钩子函数的创建过程。可知，Vue3 在使用过程中兼容 Vue2 的 options API 写法，但是建议尽量通过 Composition API 的方式(通过 setup 进行调用)使用生命周期钩子函数，这样便于后续维护。

6.2 挂载回调

执行 setup 函数后，在调用 setupRenderEffect()函数时会调用组件的钩子函数。该函数将在首次挂载时触发 beforeMount()和 mounted()钩子函数的回调，涉及代码如下：

```
if (!instance.isMounted) {
  let vnodeHook: VNodeHook | null | undefined
  const { el, props } = initialVNode
  const { bm, m, parent } = instance
  // patch 等处理完成后，准备开始挂载
  // 触发 beforeMount 钩子函数——beforeMount
  if (bm) {
    invokeArrayFns(bm)
  }
  // 开始 render 渲染
  ...
  // 渲染逻辑处理完成后，推入队列执行 mounted 函数回调——mounted
  if (m) {
    queuePostRenderEffect(m, parentSuspense)
  }
  // 处理 keepalived 钩子函数——onActivated
  if (initialVNode.shapeFlag & ShapeFlags.COMPONENT_SHOULD_KEEP_ALIVE) {
    instance.a && queuePostRenderEffect(instance.a, parentSuspense)
    if (
      __COMPAT__ &&
      isCompatEnabled(DeprecationTypes.INSTANCE_EVENT_HOOKS, instance)
    ) {
      queuePostRenderEffect(
        () => instance.emit('hook:activated'),
        parentSuspense
      )
    }
  }
  instance.isMounted = true
}
```

注：上述代码在组件实例存在(keepalive 组件)的情况下，也对首次进入 keepalive 组件时触发的 onActivated 钩子函数进行了处理。

6.3 更新回调

组件的 update 处理与 mount 类似，当判断组件不是首次创建时，将执行组件的 update 逻辑，并触发对应的钩子函数。具体代码实现如下：

```
{
  let { next, bu, u, parent, vnode } = instance
```

```
  let vnodeHook: VNodeHook | null | undefined
  // 更新前处理完 props、slots 数据后，触发准备更新钩子函数——beforeUpdate
  if (bu) {
    invokeArrayFns(bu)
  }
  // 执行 patch 等操作
  ...
  // 完成更新后，触发组件的更新钩子函数——updated
  if (u) {
    queuePostRenderEffect(u, parentSuspense)
  }
}
```

mounted 和 updated 内部均是通过调用 queuePostRenderEffect 函数将生命周期钩子函数加入到异步队列。

6.4　卸载回调

unmount 函数内部函数逻辑在前面已有介绍，此处主要分析与钩子函数相关的处理逻辑。unmount 卸载组件后，需要对上下文进行卸载。具体代码实现如下：

```
const unmountComponent = (
  …
) => {
  // 开始执行 unmount 组件流程，触发准备卸载钩子函数——beforeUnmount
  if (bum) {
    invokeArrayFns(bum)
  }
  // 停止组件的副作用函数，处理异步队列内该组件的更新操作
  ...
  // unmount 组件执行完成，触发卸载完成钩子函数——unmounted
  if (um) {
    queuePostRenderEffect(um, parentSuspense)
  }
  // 异步队列设置当前组件上下文的 isUnmounted，标识为已卸载
  ...
  // 如果是 suspense 类型组件，则调整父组件内的 suspense 组件数量
  ...
}
```

内部调用卸载完成的钩子函数，也是使用 queuePostRenderEffect()函数加入到异步队列中执行。

6.5　onErrorCaptured ()钩子函数

onErrorCaptured()钩子函数在 Vue3 源码内经常出现，主要在 handleError()函数中使用，用于捕获函数在执行过程中可能会出现的异常。在处理异常执行函数的过程中，采用 handleError()处理异常信息。基于 handleError()异常处理函数又封装出 callWithErrorHandling()和 callWithAsyncErrorHandling()函数。在 $runtime-core_errorHandling 文件内可以查看 handleError()函数的处理逻辑和钩子函数的触发位置。

onErrorCaptured()函数内部使用 try…catch 准确捕获异常位置，自底向上遍历打印，方

便第一时间找到异常位置。在这个过程中,如果未返回错误,则冒泡到嵌套组件的根节点(当前组件上下文的 parent 字段为 null 时),结束冒泡并且抛出对应异常。

该钩子函数与生命周期相关的钩子函数不同,不必在特定场景下执行。可以在需要的地方调用该函数,作为插件形式独立使用。使用时,通过 onErrorCaptured()钩子函数将待执行函数进行包裹,就可以捕获对应错误,作为工具函数使用。

此处将异常处理分为 3 个级别：app 级别告警、组件级别告警和 warn 级别告警。onErrorCaptured()钩子函数提供一个全局设置,用于标识 app 级别的异常信息。通过全局的 config.errorHandler 参数开启,默认在初始化时设置为 false。最后在 logError()函数内判断是开发环境还是生产环境。若为生产环境,则直接打印 console.error;若为开发环境,则尽量多地打印错误信息。

6.6 onRender 钩子函数

该钩子函数仅在开发环境生效,其中 onRenderTracked()钩子函数主要在响应式数据执行依赖收集时触发,该钩子函数在生成 effect 副作用函数时通过 options 参数的方式传入。具体代码实现如下：

```
const update = (instance.update = effect.run.bind(effect) as SchedulerJob)
    update.id = instance.uid
toggleRecurse(instance, true)
    // 触发 onRender 钩子函数
    if (__DEV__) {
      effect.onTrack = instance.rtc
        ? e => invokeArrayFns(instance.rtc!, e)
        : void 0
      effect.onTrigger = instance.rtg
        ? e => invokeArrayFns(instance.rtg!, e)
        : void 0
      // @ts-ignore (for scheduler)
      update.ownerInstance = instance
    }
```

onTrack 和 onTrigger 的钩子函数分别为 onRenderTracked()和 onRenderTriggered(),通过 invokeArrayFns()函数执行钩子函数回调。

在 track 函数内,完成依赖收集后通过 activeEffect!.onTrack 进行调用,onTrack 函数的调用形式如下：

```
export function trackEffects(
  dep: Dep,
  debuggerEventExtraInfo?: DebuggerEventExtraInfo
) {
  …
  if (shouldTrack) {
    dep.add(activeEffect!)
    activeEffect!.deps.push(dep)
    if (__DEV__ && activeEffect!.onTrack) {
      activeEffect!.onTrack(
        Object.assign(
          {
            effect: activeEffect!
          },
```

```
          debuggerEventExtraInfo
        )
      )
    }
  }
}
```

与 track 函数中的顺序不同，在 trigger 函数内，先执行钩子函数回调，再执行 effect 副作用函数。onTrigger 函数的调用形式如下：

```
export function triggerEffects(
  dep: Dep | ReactiveEffect[],
  debuggerEventExtraInfo?: DebuggerEventExtraInfo
) {
  for (const effect of isArray(dep) ? dep : [...dep]) {
    if (effect !== activeEffect || effect.allowRecurse) {
      if (__DEV__ && effect.onTrigger) {
        effect.onTrigger(extend({ effect }, debuggerEventExtraInfo))
      }
      if (effect.scheduler) {
        effect.scheduler()
      } else {
        effect.run()
      }
    }
  }
}
```

第7章 CHAPTER 7 模板编译

本章结合模板编译的过程，对 Vue3 中模板语法的解析进行介绍。主要包括模板字符串的转换、静态变量的提升和构建可执行的代码字符串。通过本章的学习，读者可以理解模板编译的过程，并且基于自定义渲染，创造属于自己的模板语法。

观看视频速览本章主要内容。

7.1 模板渲染

在介绍了 Vue3 的 render 渲染和响应式数据后，本节将介绍 Vue 文件内 template 模板转换为 AST 的过程。基于 Vue 模板编写的 HTML 代码先编译为 AST 抽象语法树，再转换为 VNode，完成整个 DOM 模板的编译工作。

在介绍组件初始化时，若引入 Runtime 版的 Vue 则直接调用 runtime-dom 内的 createApp()函数。

若引入完整版 Vue，则会加入 template 解析过程，执行 $ packages-vue_index 文件内容。该文件内调用 registerRuntimeCompiler()函数将模板渲染的方法通过无侵入的方式初始化到 runtime-core 模块内。

registerRuntimeCompiler()函数位于 $ runtime-core_component 文件内，具体代码实现如下：

```
let compile: CompileFunction | undefined
export function registerRuntimeCompiler(_compile: any) {
  compile = _compile
  installWithProxy = i => {
    if (i.render!._rc) {
      i.withProxy = new Proxy(i.ctx,RuntimeCompiledPublicInstanceProxyHandlers)
    }
  }
}
```

上述代码将传入的_compile 函数赋值给变量 compile，通过这种方式，巧妙地将模板渲染的函数挂载到模板解析的位置(挂载文件在 $ runtime-core_component 内)。当组件执行 setup 函数时，内部调用 compile 函数将传入的模板字符串解析为 VNode。具体代码实现如下：

```
export function finishComponentSetup(
  instance: ComponentInternalInstance,
  isSSR: boolean,
  skipOptions?: boolean
) {
  const Component = instance.type as ComponentOptions
```

```
  ...
  if (!instance.render) {
    if (!isSSR && compile && !Component.render) {
      const template =
        (__COMPAT__ &&
          instance.vnode.props &&
          instance.vnode.props['inline-template']) ||
        Component.template
      // 触发模板编译逻辑
      if (template) {
        const { isCustomElement, compilerOptions } = instance.appContext.config
        const { delimiters, compilerOptions: componentCompilerOptions } =
          Component
        // 编译时传入的 options 方法
        const finalCompilerOptions: CompilerOptions = extend(
          extend(
            {
              isCustomElement,
              delimiters
            },
            compilerOptions
          ),
          componentCompilerOptions
        )
        if (__COMPAT__) {
          // 将 compat 配置传递到编译器
          finalCompilerOptions.compatConfig = Object.create(globalCompatConfig)
          if (Component.compatConfig) {
            extend(finalCompilerOptions.compatConfig, Component.compatConfig)
          }
        }
        // 调用 complie 执行模板编译
        Component.render = compile(template, finalCompilerOptions)
        if (__DEV__) {
          endMeasure(instance, `compile`)
        }
      }
    }
    instance.render = (Component.render || NOOP) as InternalRenderFunction
}
```

模板渲染的逻辑主要在 compile 函数内。接下来回到声明 registerRuntimeCompiler()函数的文件内，调用 compileToFunction()函数传入两个参数，分别为 template 和 options，在函数内将 template 传入给 compile 函数，再返回执行结果。具体代码实现如下：

```
const compileCache: Record<string, RenderFunction> = Object.create(null)
function compileToFunction(
  template: string | HTMLElement,
  options?: CompilerOptions
): RenderFunction {
  if (!isString(template)) {
    if (template.nodeType) {
      template = template.innerHTML
    } else {
      __DEV__ && warn(`invalid template option: `, template)
      return NOOP
    }
```

```
  }
  const key = template
  // 读取缓存
  const cached = compileCache[key]
  if (cached) {
    return cached
  }
  if (template[0] === '#') {
    const el = document.querySelector(template)
    if (__DEV__ && !el) {
      warn(`Template element not found or is empty: ${template}`)
    }
    template = el ? el.innerHTML : ``
  }
  // 模板编译
  const { code } = compile(
    template,
    extend(
      {
        hoistStatic: true,
        onError(err: CompilerError) {
          if (__DEV__) {
            const message = `Template compilation error: ${err.message}`
            const codeFrame =
              err.loc &&
              generateCodeFrame(
                template as string,
                err.loc.start.offset,
                err.loc.end.offset
              )
            warn(codeFrame ? `${message}\n${codeFrame}` : message)
          } else {
            /* istanbul ignore next */
            throw err
          }
        }
      },
      options
    )
  )
  // render 渲染函数
  const render = (__GLOBAL__
    ? new Function(code)()
    : new Function('Vue', code)(runtimeDom)) as RenderFunction
  ;(render as InternalRenderFunction)._rc = true
  return (compileCache[key] = render)
}
```

首先判断传入的 template 是否为字符串，若不是字符串，则直接在开发环境下报错。若是字符串，则根据 template 是否一致判断是否有缓存，若有缓存则直接返回缓存内容；若没有缓存则执行 compile 返回解析完成的 VNode，通过 new Function 的方式返回一个自执行的函数。

7.2 生成 AST 对象

根据代码逻辑，找到 compile 函数的实现代码，该函数位于 $compiler-dom_index 文件内，函数内部调用 baseCompile()函数进入模板渲染的流程。具体代码实现如下：

```
export function compile(
  template: string,
  options: CompilerOptions = {}
): CodegenResult {
  return baseCompile(
    template,
    extend({}, parserOptions, options, {
      nodeTransforms: [
        ignoreSideEffectTags,
        ...DOMNodeTransforms,
        ...(options.nodeTransforms || [])
      ],
      directiveTransforms: extend(
        {},
        DOMDirectiveTransforms,
        options.directiveTransforms || {}
      ),
      transformHoist: __BROWSER__ ? null : stringifyStatic
    })
  )
}
```

compile 函数在调用 baseCompile()函数前会优先对传入的设置 options 做处理，合并相关处理方法。接下来梳理 compile 函数的实现，该函数位于 $compiler-core_compile 文件内，该函数主要完成 3 项工作：

(1) 生成 AST 对象；

(2) 将 AST 对象作为参数传入 transform 函数，对 AST 节点进行转换操作；

(3) 将 AST 对象作为参数传入 generate 函数，返回编译结果。

生成 AST 对象的过程实现代码如下：

```
const ast = isString(template) ? baseParse(template, options) : template
```

若传入的 template 是字符串，则通过 baseParse()函数进行处理，否则直接将 template 作为 AST 对象。

7.2.1 初始化解析函数

baseParse()函数在 $compiler-core_parse 文件内，通过 createParserContext()函数创建上下文，再通过 getCursor()函数对上下文进行处理，内部通过高阶函数方式返回 createRoot()函数。具体代码实现如下：

```
// $ compiler - core_parse
export function baseParse(
  content: string,
  options: ParserOptions = {}
): RootNode {
  const context = createParserContext(content, options)
  const start = getCursor(context)
  // 创建根 Root 对象
  return createRoot(
    parseChildren(context, TextModes.DATA, []),
    getSelection(context, start)
  )
}
```

7.2.2 初始化上下文

createParserContext()函数在$compiler-core_parse文件内，合并options配置属性后返回初始化完成的对象。具体代码实现如下：

```
function createParserContext(
  content: string,
  rawOptions: ParserOptions
): ParserContext {
  const options = extend({}, defaultParserOptions)
  let key: keyof ParserOptions
  for (key in rawOptions) {
    // @ts-ignore
    options[key] =
      rawOptions[key] === undefined
        ? defaultParserOptions[key]
        : rawOptions[key]
  }
  return {
    options,
    column: 1,
    line: 1,
    offset: 0,
    originalSource: content,
    source: content,
    inPre: false,
    inVPre: false,
    onWarn: options.onWarn
  }
}
```

当前上下文初始完成后，将getCursor()函数赋值给start变量，完成start变量初始化，然后返回createRoot()函数。getCursor()函数记录初始的column(行)、line(列)、offset(偏移)。getCursor()函数初始化代码如下：

```
function getCursor(context: ParserContext): Position {
  const { column, line, offset } = context
  return { column, line, offset }
}
```

7.2.3 根节点对象

createRoot()函数位于$compiler-core_ast文件内，将传入的children和loc参数合并到初始化对象上，返回根节点对象，代码实现如下：

```
//$ compiler-core_ast
export function createRoot(
  children: TemplateChildNode[],
  loc = locStub
): RootNode {
  return {
    type: NodeTypes.ROOT,
    children,
    helpers: [],
    components: [],
```

```
    directives: [],
    hoists: [],
    imports: [],
    cached: 0,
    temps: 0,
    codegenNode: undefined,
    loc
  }
}
```

在此处初始化的属性,后续会多次使用。

执行初始化时,parseChildren()函数将对 context 上下文进行处理。该函数将进行标签的解析,涉及如下步骤:

(1) 获取对应父节点,初始化命名空间 ns,初始化 nodes 数组,用于保存解析后的节点;

(2) 通过 while 循环遍历模板字符串,执行不同的操作;

(3) 处理空白字符串;

(4) 返回解析后的节点数组。

代码实现如下:

```
function parseChildren(
  context: ParserContext,
  mode: TextModes,
  ancestors: ElementNode[]
): TemplateChildNode[] {
  const parent = last(ancestors)               // 获取当前节点的父节点
  const ns = parent ? parent.ns : Namespaces.HTML
  const nodes: TemplateChildNode[] = []        // 存储解析后的节点
  // 当标签未闭合时,解析对应节点
  while (!isEnd(context, mode, ancestors)) { /* 忽略逻辑 */ }
  // 处理空白字符,提高输出效率
  let removedWhitespace = false
  if (mode !== TextModes.RAWTEXT && mode !== TextModes.RCDATA) {/* 忽略逻辑 */}
  // 移除空白字符,返回解析后的节点数组
  return removedWhitespace ? nodes.filter(Boolean) : nodes
}
```

由上述代码可知,核心流程为通过 while 循环遍历模板字符串进行解析,该步骤代码如下:

```
while (!isEnd(context, mode, ancestors)) {
  __TEST__ && assert(context.source.length > 0)
  const s = context.source
  let node: TemplateChildNode | TemplateChildNode[] | undefined = undefined
  if (mode === TextModes.DATA || mode === TextModes.RCDATA) {
    /* 如果标签没有 v-pre 指令,源模板字符串以双大括号 '{{' 开头,按双大括号语法解析 */
    if (!context.inVPre && startsWith(s, context.options.delimiters[0])) {
      // '{{'
      node = parseInterpolation(context, mode)
    } else if (mode === TextModes.DATA && s[0] === '<') {
      // https://html.spec.whatwg.org/multipage/parsing.html#tag-open-state
      if (s.length === 1) {
        emitError(context, ErrorCodes.EOF_BEFORE_TAG_NAME, 1)
        // 如果源模板字符串的第一个字符位置是 '!'
      } else if (s[1] === '!') {
        // https://html.spec.whatwg.org/multipage/parsing.html#markup-declaration-open-state
```

```
    // 如果以 '<!--' 开头,则按注释解析
    if (startsWith(s, '<!--')) {
      node = parseComment(context)
    } else if (startsWith(s, '<!DOCTYPE')) {
      // 如果以 '<!DOCTYPE' 开头,则忽略 DOCTYPE,当作伪注释解析
      // Ignore DOCTYPE by a limitation.
      node = parseBogusComment(context)
    } else if (startsWith(s, '<![CDATA[')) {
      // 如果以 '<![CDATA[' 开头,又在 HTML 环境中,则解析 CDATA
      if (ns !== Namespaces.HTML) {
        node = parseCDATA(context, ancestors)
      } else {
        emitError(context, ErrorCodes.CDATA_IN_HTML_CONTENT)
        node = parseBogusComment(context)
      }
    } else {
      emitError(context, ErrorCodes.INCORRECTLY_OPENED_COMMENT)
      node = parseBogusComment(context)
    }
    // 如果源模板字符串的第二个字符位置是 '/'
  } else if (s[1] === '/') {
    // https://html.spec.whatwg.org/multipage/parsing.html#end-tag-open-state
    if (s.length === 2) {
      emitError(context, ErrorCodes.EOF_BEFORE_TAG_NAME, 2)
    } else if (s[2] === '>') {
      // 如果源模板字符串的第三个字符位置是 '>',那么就是自闭合标签,前进 3 个字符的扫描位置
      emitError(context, ErrorCodes.MISSING_END_TAG_NAME, 2)
      advanceBy(context, 3)
      continue
      // 如果第三个字符位置是英文字符,则解析结束标签
    } else if (/[a-z]/i.test(s[2])) {
      emitError(context, ErrorCodes.X_INVALID_END_TAG)
      parseTag(context, TagType.End, parent)
      continue
    } else {
      emitError(
        context,
        ErrorCodes.INVALID_FIRST_CHARACTER_OF_TAG_NAME,
        2
      )
      // 如果不是上述情况,则当作伪注释解析
      node = parseBogusComment(context)
    }
    // 如果标签的第二个字符是小写英文字符,则当作元素标签解析
  } else if (/[a-z]/i.test(s[1])) {
    node = parseElement(context, ancestors)
    // 如果第二个字符是 '?',则当作伪注释解析
    …
  } else if (s[1] === '?') {
    emitError(
      context,
      ErrorCodes.UNEXPECTED_QUESTION_MARK_INSTEAD_OF_TAG_NAME,
      1
    )
    node = parseBogusComment(context)
  } else {
    // 都不是这些情况,则报出第一个字符不是合法标签字符的错误
```

```
        emitError(context, ErrorCodes.INVALID_FIRST_CHARACTER_OF_TAG_NAME, 1)
      }
    }
  }
  if (!node) {
    node = parseText(context, mode)
  }
    // 如果节点是数组,则遍历添加进 nodes 数组中,否则直接添加
  if (isArray(node)) {
    for (let i = 0; i < node.length; i++) {
      pushNode(nodes, node[i])
    }
  } else {
    pushNode(nodes, node)
  }
}
```

该循环首先会判断 TextModes 的类型,只有 DATA 或 RCDATA 类型才会进行遍历。关于 TextModes 的类型,可以查看如下枚举属性:

```
export const enum TextModes {
  //            | Elements | Entities | End sign                | Inside of
  DATA, //      | √        | √        | End tags of ancestors   |
  RCDATA, //    | ×        | √        | End tag of the parent   | <textarea>
  RAWTEXT, //   | ×        | ×        | End tag of the parent   | <style>,<script>
  CDATA,
  ATTRIBUTE_VALUE
}
```

上述枚举属性有 5 种类型,用于标识不同的标签。此处判断的 DATA 和 RCDATA 分别为文本和 textarea 类型数据。

对于 DATA 和 RCDATA 类型标签做如下处理:

(1) 如果标签没有 v-pre 指令,那么源模板字符串以双大括号'{{'开头,按双大括号语法解析;

(2) 如果字符串首字母为'<',则在首字母为<的基础上,继续判断标签情况,具体涉及如下步骤:

① 若只有<一个字母,则直接报错;

② 若第二个字符为!,当前情况为'<!',则继续判断;

③ 若第二个字符为/,当前情况为'</',则继续判断;

④ 若第二个字符为小写字母,则当作元素标签解析;

⑤ 若第二个字符为?,则当作伪注释解析。

若以上情况均不是,则报错第一个字符不是合法标签字符。

由上述分析可知,若遇到'{{',则需要解析对应的表达式或变量等。若遇到<,则根据情况,进一步判断标识类型。

若没有 v-pre 标签,且以'{{'开头,调用 parseInterpolation 解析 node,具体代码实现如下:

```
if (!context.inVPre && startsWith(s, context.options.delimiters[0])) {
  // '{{'
  node = parseInterpolation(context, mode)
}
```

传入 parseInterpolation 函数的参数为 context 和 mode,返回类型为解析完成的 node、对

应类型和解析内容在字符串中的位置信息。parseInterpolation 函数内部主要针对{{ ... }}类型文本，切割出对应内容和位置信息，以便后面使用。具体代码实现如下：

```
function parseInterpolation(
  context: ParserContext,
  mode: TextModes
): InterpolationNode | undefined {
  // 解析出开始标签'{{'和结束标签'}}'
  const [open, close] = context.options.delimiters
  __TEST__ && assert(startsWith(context.source, open))
  // 判断当前 content 内容是否有}}标签出现的位置,若没有直接报错
  const closeIndex = context.source.indexOf(close, open.length)
  if (closeIndex === -1) {
    emitError(context, ErrorCodes.X_MISSING_INTERPOLATION_END)
    return undefined
  }
  // 获取开始游标
  const start = getCursor(context)
  // 跳过开始标签'{{'
  advanceBy(context, open.length)
  // inner 开始记录 xxx }}
  const innerStart = getCursor(context)
  // inner 结束记录 xxx }}
  const innerEnd = getCursor(context)
  // {{ ... }} 之间 ... 内容长度
  const rawContentLength = closeIndex - open.length
  // 切割出 ... 内容
  const rawContent = context.source.slice(0, rawContentLength)
  // 去掉空格后的内容,标记为 mode 类型
  const preTrimContent = parseTextData(context, rawContentLength, mode)
  // 去掉内容首尾空格
  const content = preTrimContent.trim()
  // 判断去掉空格的数量
  const startOffset = preTrimContent.indexOf(content)
  // 如果去掉了空格,则调整 innerStart 游标
  if (startOffset > 0) {
    advancePositionWithMutation(innerStart, rawContent, startOffset)
  }
  // 如果开始没有去掉空格,则判断结束是否有空格去掉,若有则调整 innerEnd 游标
  const endOffset =
    rawContentLength - (preTrimContent.length - content.length - startOffset)
  advancePositionWithMutation(innerEnd, rawContent, endOffset)
  // 完成后跳过结束}}标签
  advanceBy(context, close.length)
  // 返回对应的位置信息,判断内容信息
  return {
    type: NodeTypes.INTERPOLATION,
    content: {
      type: NodeTypes.SIMPLE_EXPRESSION,
      isStatic: false,
      constType: ConstantTypes.NOT_CONSTANT,
      content,
      loc: getSelection(context, innerStart, innerEnd)
    },
    loc: getSelection(context, start)
  }
}
```

7.2.4 标签解析

上述代码解析完成后，直接返回解析出的数据对象。若第一个字符为<，且第二个字符是!，则判断是否为<!--开头，若是，则按照注释解析。具体代码实现如下：

```
if (startsWith(s, '<!--')) {
  node = parseComment(context)
}
```

使用 parseComment 函数解析注释，根据标签信息分离出具体内容，对标签内的内容进行标记后保存游标位置。具体代码实现如下：

```
function parseComment(context: ParserContext): CommentNode {
  __TEST__ && assert(startsWith(context.source, '<!--'))
  const start = getCursor(context)
  let content: string
  // 正则匹配
  // 判断是否存在 --> 结束字符
  const match = /--(\!)?>/.exec(context.source)
  if (!match) {
    // 若没有则跳过开头的<!--，并直接报错
    content = context.source.slice(4)
    advanceBy(context, context.source.length)
    emitError(context, ErrorCodes.EOF_IN_COMMENT)
  } else {
    // 如果有，则判断是否为<!-- -->；若没有具体注释信息，则直接报错
    if (match.index <= 3) {
      emitError(context, ErrorCodes.ABRUPT_CLOSING_OF_EMPTY_COMMENT)
    }
    // 如果注释后还有内容，则直接报错
    if (match[1]) {
      emitError(context, ErrorCodes.INCORRECTLY_CLOSED_COMMENT)
    }
    // 否则切割出具体内容<!-- xxxx -->
    content = context.source.slice(4, match.index)
    // Advancing with reporting nested comments.
    // 剔除最后结尾标签 <!-- xxxx
    const s = context.source.slice(0, match.index)
    let prevIndex = 1,
      nestedIndex = 0
    // 通过 while 循环，得到 context 内容，并且移动对应游标，标记具体注释内容
    while ((nestedIndex = s.indexOf('<!--', prevIndex)) !== -1) {
      advanceBy(context, nestedIndex - prevIndex + 1)
      if (nestedIndex + 4 < s.length) {
        emitError(context, ErrorCodes.NESTED_COMMENT)
      }
      prevIndex = nestedIndex + 1
    }
    // 标记完成后，移动游标，剔除开始标签，记录内容部分的位置
    advanceBy(context, match.index + match[0].length - prevIndex + 1)
  }
  return {
    type: NodeTypes.COMMENT,
    content,
    loc: getSelection(context, start)
  }
}
```

由上述代码可知,初始化对应游标后,通过切割注释标识符得到内容部分。通过 while 循环进一步判断是否有注释标签,一并剔除后通过 advanceBy()函数移动对应的标识位置,最后返回类型、内容和内容对应的位置。

若内容无注释标识,则判断是否为<!DOCTYPE。如果是,则忽略 DOCTYPE,当作伪注释解析。使用 parseBogusComment()函数解析内容,代码实现如下:

```
function parseBogusComment(context: ParserContext): CommentNode | undefined {
  __TEST__ && assert(/^<(?:[\!\?]|\/[^a-z>])/i.test(context.source))
  // 获取游标开始位置
  const start = getCursor(context)
  // 获取内容开始位置,若有?则跳过一个位置
  const contentStart = context.source[1] === '?' ? 1 : 2
  let content: string
  // 判断结束位置
  const closeIndex = context.source.indexOf('>')
  // 如果没有找到结束标签位置
  if (closeIndex === -1) {
    // 则切割出 content 开始位置到最后位置,之间均为内容
    content = context.source.slice(contentStart)
    // 移动标签位置
    advanceBy(context, context.source.length)
  } else {
    // 如果有标签位置,则提取开始和结束标签之前的位置
    content = context.source.slice(contentStart, closeIndex)
    // 移动标签位置
    advanceBy(context, closeIndex + 1)
  }
  return {
    type: NodeTypes.COMMENT,
    content,
    loc: getSelection(context, start)
  }
}
```

判断是否以 '<![CDATA[' 开头,若是以该字符串开头,并且在 HTML 环境中,则抛出错误,并且直接解析内容。若不是在 HTML 环境下,则调用 parseCDATA()函数解析该内容。具体代码实现如下:

```
else if (startsWith(s, '<![CDATA[')) {
  // 如果以 '<![CDATA[' 开头,又在 HTML 环境中,则解析 CDATA
  if (ns !== Namespaces.HTML) {
    node = parseCDATA(context, ancestors)
  } else {
    emitError(context, ErrorCodes.CDATA_IN_HTML_CONTENT)
    node = parseBogusComment(context)
  }
}
```

该函数根据当前运行环境解析对应的内容,parseBogusComment()函数在前面已有介绍,下面给出 parseCDATA()函数的代码实现:

```
function parseCDATA(
  context: ParserContext,
  ancestors: ElementNode[]
): TemplateChildNode[] {
  __TEST__ &&
```

```
    assert(last(ancestors) == null || last(ancestors)!.ns !== Namespaces.HTML)
  __TEST__ && assert(startsWith(context.source, '<![CDATA['))
  advanceBy(context, 9)
  const nodes = parseChildren(context, TextModes.CDATA, ancestors)
  if (context.source.length === 0) {
    emitError(context, ErrorCodes.EOF_IN_CDATA)
  } else {
    __TEST__ && assert(startsWith(context.source, ']]>'))
    advanceBy(context, 3)
  }
  return nodes
}
```

该函数内通过递归的方式解析，跳过'<![CDATA['字符串后，调用 parseChildren 解析正文部分，最后返回 nodes。

最后判断不是以'<!--'、'<!DOCTYPE'、'<![CDATA['等字符串开头，则直接抛出错误后通过 parseBogusComment()函数尝试解析。

若第二个字符为/，则当前字符串为'</'。继续判断后续字符，若第三个字符为'>'，则表示标签已经闭合，此时抛出错误并且移动游标位置。如果第三个字符遇到字母，则解析到结束标签，通过 parseTag()函数解析。若上述情况均不是，则通过 parseBogusComment()函数解析为伪注释标签。具体代码实现如下：

```
if (s.length === 2) {
  emitError(context, ErrorCodes.EOF_BEFORE_TAG_NAME, 2)
} else if (s[2] === '>') {
  // 如果源模板字符串的第三个字符位置是 '>',则是自闭合标签,前进 3 个字符的扫描位置
  emitError(context, ErrorCodes.MISSING_END_TAG_NAME, 2)
  advanceBy(context, 3)
  continue
  // 如果第三个字符位置是英文字符,则解析结束标签
} else if (/[a-z]/i.test(s[2])) {
  emitError(context, ErrorCodes.X_INVALID_END_TAG)
  parseTag(context, TagType.End, parent)
  continue
} else {
  emitError(
    context,
    ErrorCodes.INVALID_FIRST_CHARACTER_OF_TAG_NAME,
    2
  )
  // 如果不是上述情况,则当作伪注释解析
  node = parseBogusComment(context)
}
```

若第二个字符为小写英文字符，则判断为元素标签，调用 parseElement()函数解析。

若第二个字符为'?'，则认为是伪注释标签，调用 parseBogusComment()函数。若以上情况均不是，则直接抛出错误，完成整个标签解析的过程。

```
} else if (/[a-z]/i.test(s[1])) {
  node = parseElement(context, ancestors)
  // 如果第二个字符是 '?',当作伪注释解析
} else if (s[1] === '?') {
  emitError(
    context,
    ErrorCodes.UNEXPECTED_QUESTION_MARK_INSTEAD_OF_TAG_NAME,
```

```
      1
    )
    node = parseBogusComment(context)
  } else {
    // 如果不是以上这些情况,则报出第一个字符不是合法标签字符的错误
    emitError(context, ErrorCodes.INVALID_FIRST_CHARACTER_OF_TAG_NAME, 1)
  }
```

根据上述代码可知,主要逻辑在于解析标签的方法,涉及 parseElement()函数,该函数主要实现逻辑如下:

(1) 获取父节点,通过 parseTag()函数解析内容;

(2) 递归遍历子节点;

(3) 解析结束标签;

(4) 返回元素。

下面分步骤介绍。

parseTag()解析内容:

```
// Start tag. 判断是否为 v-pre 标签
const wasInPre = context.inPre
// 判断是否为需要跳过解析的标签
const wasInVPre = context.inVPre
// 获取父节点
const parent = last(ancestors)
// 调用 parseTag 得到内容,解析出开始标签
const element = parseTag(context, TagType.Start, parent)
const isPreBoundary = context.inPre && !wasInPre
const isVPreBoundary = context.inVPre && !wasInVPre
// 如果是自闭合标签或者空标签,则直接返回 element
if (element.isSelfClosing || context.options.isVoidTag(element.tag)) {
  return element
}
```

解析完成后得到内容部分,并且判断是否为自闭合标签,若是自闭合标签,则直接返回。

递归遍历子节点:

```
// Children.递归遍历,将内容插入父节点
ancestors.push(element)
// 提取当前组件模式
const mode = context.options.getTextMode(element, parent)
// 格式化子节点
const children = parseChildren(context, mode, ancestors)
// 格式化完成后出栈
ancestors.pop()
//获取当前组件的子节点
element.children = children
```

此处应用十分巧妙的方式递归遍历子节点。将自身加入祖先节点(ancestors)内,提取当前组件模式后,通过 parseChildren()函数递归渲染子节点,完成后再出栈,最后完成整个子节点遍历。此处的递归遍历需结合 parseChildren()函数一起理解。完成递归渲染后,将开始解析结束标签。

解析结束标签:

```
// 内容判断完成后,开始判断结束标签
if (startsWithEndTagOpen(context.source, element.tag)) {
```

```
    // 如果有结束标签,则调用 parseTag 正常解析
    parseTag(context, TagType.End, parent)
  } else {
    // 如果没有结束标签,则报错
    emitError(context, ErrorCodes.X_MISSING_END_TAG, 0, element.loc.start)
    // 再判断内容是否为空并且标签类型为 scripts
    if (context.source.length === 0 && element.tag.toLowerCase() === 'script') {
      // 提取第一个子节点
      const first = children[0]
      // 如果有子节点,并且是以<!-- 开头,则直接报错 EOF 在脚本 HTML 注释像文本
      if (first && startsWith(first.loc.source, '<!--')) {
        emitError(context, ErrorCodes.EOF_IN_SCRIPT_HTML_COMMENT_LIKE_TEXT)
      }
    }
  }
```

此处通过 parseTag()函数持续解析结束标签。

返回元素:

```
// 解析完成后,记录节点的位置信息
element.loc = getSelection(context, element.loc.start)
// 解析完成后判断是<pre></pre>则重置
if (isPreBoundary) {
  context.inPre = false
}
// 解析完成后判断是 v-pre 则重置
if (isVPreBoundary) {
  context.inVPre = false
}
// 返回元素
return element
```

完成后会记录当前节点位置,重置判断条件,返回最终生成的元素。

完成该部分解析后,将判断 node 是否存在,若不存在则当作文本处理,调用 parseText 函数解析为文本,再将 node 节点加入到数组内,代码实现如下:

```
if (!node) {
  node = parseText(context, mode)
}
// 如果节点是数组,则遍历添加进 nodes 数组中,否则直接添加
if (isArray(node)) {
  for (let i = 0; i < node.length; i++) {
    pushNode(nodes, node[i])
  }
} else {
  pushNode(nodes, node)
}
```

完成后将优化字符数,对空格等进行压缩,删除多余的空格后,返回最终生成好的 nodes,也是上面提到的 AST 虚拟树。生成 AST 虚拟树后,通过解析器解析成可执行的 VNode。

7.3 AST 对象优化

由前面的介绍可知,在 baseCompile()方法内,将模板字符串转换为 AST 后,将以参数的形式传入到 transform()函数内,完成 transform()函数操作后,再将 AST 转换为 render 渲染

函数并返回。在这个过程中，又涉及 Vue3 新增的静态变量提升等内容，本节将会具体介绍 AST 转换为 render 函数所经历的步骤。具体代码实现如下：

```
// 转换
transform(
  ast,
  extend({}, options, {
    prefixIdentifiers,
    nodeTransforms: [
      ...nodeTransforms,
      ...(options.nodeTransforms || []) // user transforms
    ],
    directiveTransforms: extend(
      {},
      directiveTransforms,
      options.directiveTransforms || {} // user transforms
    )
  })
  ...
)
```

7.3.1 transform()函数

在 transform()函数内，首先递归遍历节点执行 AST 转换，若在编译时设置静态提升选项，则执行静态变量提升；最后将元信息挂载到传入的 AST 对象内。具体代码实现如下：

```
export function transform(root: RootNode, options: TransformOptions) {
  // 创建转换上下文
  const context = createTransformContext(root, options)
  // 遍历所有节点，执行转换
  traverseNode(root, context)
  // 如果编译选项中打开了 hoistStatic 开关，则进行静态提升
  if (options.hoistStatic) {
    hoistStatic(root, context)
  }
  if (!options.ssr) {
    createRootCodegen(root, context)
  }
  // finalize meta information
  // 完成元信息
  root.helpers = [...context.helpers]
  root.components = [...context.components]
  root.directives = [...context.directives]
  root.imports = [...context.imports]
  root.hoists = context.hoists
  root.temps = context.temps
  root.cached = context.cached
}
```

根据传入的 root 和 options 选项，通过 createTransformContext()函数生成新的上下文，在该步骤会添加许多内部方法，涉及内部方法如下：

```
export interface TransformContext extends Required<Omit<TransformOptions, 'filename'>> {
  selfName: string | null
  root: RootNode
  helpers: Set<symbol>
  components: Set<string>
```

```
  directives: Set<string>
  hoists: (JSChildNode | null)[]
  imports: Set<ImportItem>
  temps: number
  cached: number
  identifiers: { [name: string]: number | undefined }
  scopes: {
    vFor: number
    vSlot: number
    vPre: number
    vOnce: number
  }
  parent: ParentNode | null
  childIndex: number
  currentNode: RootNode | TemplateChildNode | null
  helper<T extends symbol>(name: T): T
  helperString(name: symbol): string
  replaceNode(node: TemplateChildNode): void
  removeNode(node?: TemplateChildNode): void
  onNodeRemoved(): void
  addIdentifiers(exp: ExpressionNode | string): void
  removeIdentifiers(exp: ExpressionNode | string): void
  hoist(exp: JSChildNode): SimpleExpressionNode
  cache<T extends JSChildNode>(exp: T, isVNode?: boolean): CacheExpression | T
  constantCache: Map<TemplateChildNode, ConstantTypes>
}
```

完成新的上下文初始化后，调用 traverseNode()函数，通过递归的方式实现 AST 的转换，具体的转换逻辑如下：

（1）通过循环传入 node 和 context 执行应用转换插件；

（2）通过 exitFns 对象保存加载的插件方法；

（3）判断当前节点是否被删除，如果被删除则退出循环；

（4）将经过转换插件处理完成后的 node 节点更新为最新节点；

（5）完成后根据 node 类型执行判断；

（6）退出转换插件。

在判断类型时，若是 comment 和 interpolation 类型，则需要注入 helper 方法；若是 if 类型，则需要通过 for 循环递归遍历 node.branches；若是其余类型，则直接调用 traverseChildren()函数进行子组件的递归渲染。具体代码实现如下：

```
switch (node.type) {
  case NodeTypes.COMMENT:
    if (!context.ssr) {
      // 为 Comment 符号注入 import，这是使用'createVNode'创建注释节点所需要的
      context.helper(CREATE_COMMENT)
    }
    break
  case NodeTypes.INTERPOLATION:
    // 不需要遍历，但需要注入 toString helper
    if (!context.ssr) {
      context.helper(TO_DISPLAY_STRING)
    }
    break
  // 对于容器类型，进一步向下遍历
  case NodeTypes.IF:
```

```
      for (let i = 0; i < node.branches.length; i++) {
        traverseNode(node.branches[i], context)
      }
      break
    case NodeTypes.IF_BRANCH:
    case NodeTypes.FOR:
    case NodeTypes.ELEMENT:
    case NodeTypes.ROOT:
      traverseChildren(node, context)
      break
  }
```

traverseChildren()函数通过 for 循环遍历子节点,使用 i 记录当前子节点个数,通过减少 i 的数量,来记录最新的子节点个数。具体代码实现如下:

```
export function traverseChildren(
  parent: ParentNode,
  context: TransformContext
) {
  let i = 0
  const nodeRemoved = () => {
    i--
  }
  for (; i < parent.children.length; i++) {
    const child = parent.children[i]
    if (isString(child)) continue
    context.parent = parent
    context.childIndex = i
    context.onNodeRemoved = nodeRemoved
    traverseNode(child, context)
  }
}
```

7.3.2 静态变量提升

递归完成所有转换后,将判断 options 的 hoistStatic 属性值,若为 true,则开启静态变量提升。此处便是 Vue3 对模板渲染较大的优化措施之一,通过静态变量提升的方式,将静态变量完全固定,跳过 patch 时进行新、旧 VNode 对比的步骤,以提升性能。

静态变量提升的 hoistStatic()函数位于 $complier-core-transforms_hoistStatic 文件内,代码实现如下:

```
export function hoistStatic(root: RootNode, context: TransformContext) {
  walk(
    root,
    context,
     // 由于潜在的父节点 fallthrough 属性,根节点是不能被静态提升的
    isSingleElementRoot(root, root.children[0])
  )
}
```

上述代码将 root 和 context 作为参数传入 walk 函数后,通过 walk 方法实施静态变量的提升。通过 isSingleElementRoot()方法,判断是否为根节点,若为根节点则不能进行静态变量提升。

下面重点分析 walk 方法的内部实现。该方法是静态变量提升最核心的方法,实现步骤较

多。下面通过逐步分解的方式进行介绍。

首先根据 walk 方法内的注释对 canStringify 变量解释如下：保存转换状态，例如来自@vue/compiler-sfc的 transformAssetUrls，用表达式替换静态绑定。这些表达式保证是常量，因此仍然有资格进行提升，但它们仅在运行时可用，不能提前计算。这只是字符串序列化之前的一个问题(通过@vue/compiler-dom 的 transformHoist 功能)，但是这里允许执行 AST 的一次完整遍历，并允许 stringifyStatic 在满足其字符串阈值条件时停止遍历。

由上述描述可知，通过 canStringify 变量可以发现一些静态的表达式替换，因为这些表达式在运行时才能被发现，因此在此处执行一次 AST 完整的遍历，提前找出那些静态变量并进行标记。

通过 for 循环解析 node 的子节点，完成普通类型静态变量的提升后，再对有静态变量提升需求的其他特殊类型进行处理。标记阶段完成后，再通过上下文的 transformHoist()方法进行转换，完成整个 walk 方法内部逻辑的执行。具体代码实现如下：

```
let canStringify = true
  const { children } = node
  for (let i = 0; i < children.length; i++) {
    const child = children[i]
    // 只有普通类型(普通元素和文本)才有资格提升
    if (
      child.type === NodeTypes.ELEMENT &&
      child.tagType === ElementTypes.ELEMENT
    ) {
      // 如果不允许被提升，则赋值 constantType NOT_CONSTANT 不可被提升的标记
      // 否则调用 getConstantType 获取子节点的普通类型静态变量
      const constantType = doNotHoistNode
        ? ConstantTypes.NOT_CONSTANT
        : getConstantType(child, context)
        // commit1: ...
      } else {
        // commit2: ...
      }
      // 如果节点类型为文本，则同样进行检查，逻辑与前面一致
    } else if (child.type === NodeTypes.TEXT_CALL) {
      commit3: ...
    }
  }
```

在 for 循环内部，首先判断 node 节点是否为普通元素且为文本类型，若是则进一步根据 doNotHoistNode 参数判断是否允许被提升，如果不允许被提升，则赋值 constantType.NOT_CONSTANT 标记为不可提升，否则调用 getConstantType 获取子节点的静态类型。

调用 getConstantType 获取子节点的静态类型后，对 constantType 的枚举值与 ConstantTypes.NOT_CONSTANT 枚举值进行比较，若大于则继续判断是否可以被静态提升，若 constantType 的枚举值大于或等于 ConstantTypes.CAN_HOIST，则认为可以进行静态提升，将子节点的 codegenNode 属性的 patchFlag 标记为 HOISTED 可提升。具体代码实现如下：

```
// 如果获取到的 constantType 枚举值大于 NOT_CONSTANT
if (constantType > ConstantTypes.NOT_CONSTANT) {
  // 如果可以被提升
  if (constantType >= ConstantTypes.CAN_HOIST) {
```

```
      // 则将子节点的 codegenNode 属性的 patchFlag 标记为 HOISTED 可提升
      ;(child.codegenNode as VNodeCall).patchFlag =
        PatchFlags.HOISTED + (__DEV__ ? `/* HOISTED */` : ``)
      child.codegenNode = context.hoist(child.codegenNode!)
      // hasHoistedNode 记录为 true
      hasHoistedNode = true
      continue
    }
  } else {
    // commit 1.1 ...
  }
```

如果获取到的 constantType 枚举值小于 NOT_CONSTANT，此时节点可能是动态节点但是 props 属性符合静态提升条件。若 props 符合将会对该情况进行处理，代码实现如下：

```
  if (codegenNode.type === NodeTypes.VNODE_CALL) {
    // 获取 patchFlag
    const flag = getPatchFlag(codegenNode)
    // 如果不存在 flag，或者 flag 是文本类型
    // 并且该节点 props 的 constantType 值判断出可以被提升
    if (
      (!flag ||
        flag === PatchFlags.NEED_PATCH ||
        flag === PatchFlags.TEXT) &&
      getGeneratedPropsConstantType(child, context) >=
        ConstantTypes.CAN_HOIST
    ) {
      // 获取节点的 props，并在转换器上下文中执行提升操作
      const props = getNodeProps(child)
      if (props) {
        codegenNode.props = context.hoist(props)
      }
    }
  }
```

该步骤判断完成后，对于普通元素并且是文本类型的数据处理完成，下面将判断是否为 TEXT_CALL 类型，若是，则与前文做类似的处理。具体代码实现如下：

```
  else if (child.type === NodeTypes.TEXT_CALL) {
    const contentType = getConstantType(child.content, context)
    if (contentType > 0) {
      if (contentType < ConstantTypes.CAN_STRINGIFY) {
        canStringify = false
      }
      if (contentType >= ConstantTypes.CAN_HOIST) {
        child.codegenNode = context.hoist(child.codegenNode)
        hasHoistedNode = true
      }
    }
  }
```

完成判断后，将针对特殊子节点处理，遍历子节点静态提升的情况。首先判断子节点是否为 ELEMENT，若是则直接调用 walk 方法。如果是 for 类型或 if 类型，则判断是否只有一个元素，若只有一个 for 循环或者只有一个 if 分支，则不能进行静态提升。具体代码实现如下：

```
  // walk further
  if (child.type === NodeTypes.ELEMENT) {
    // 如果子节点的 tagType 是组件，则继续遍历子节点
```

```
    // 以便判断插槽中的情况
    walk(child, context)
  } else if (child.type === NodeTypes.FOR) {
    // 查看 v-for 类型的节点是否能够被提升
    // 但是如果 v-for 的节点中是只有一个子节点,则不能被提升
    walk(child, context, child.children.length === 1)
  } else if (child.type === NodeTypes.IF) {
    // 如果子节点是 v-if 类型,判断它所有的分支情况
    for (let i = 0; i < child.branches.length; i++) {
      walk(
        child.branches[i],
        context,
        child.branches[i].children.length === 1
      )
    }
  }
```

上述代码通过 for 循环对整个 AST 虚拟树进行标记。

标记完成后，将调用 transformHoist()方法将 AST 虚拟树转换为 render 渲染函数。transformHoist()方法在 baseCompile 内被传入，因此可以在 $compiler-dom_index.ts 文件内找到，在条件允许的情况下调用 stringifyStatic()函数，该函数通过 for 循环完成 AST 树的标记，下面查看到该部分实现逻辑，了解对 AST 树进行静态提升的逻辑。stringifyStatic()函数内部主要逻辑如下：

(1) 判断父节点类型，若满足条件则跳过处理直接返回；

(2) 根据节点情况遍历合并多个静态表达式；

(3) 判断变量是否可以提升。

从上述主要逻辑来看，stringifyStatic()函数主要对静态节点进行合并，形成静态块，对于不能提升的直接返回。下面分模块查看源码实现。

判断父节点类型：

```
if (
    parent.type === NodeTypes.ELEMENT &&
    (parent.tagType === ElementTypes.COMPONENT ||
      parent.tagType === ElementTypes.TEMPLATE)
  ) {
    return
  }
```

若上述条件不成立，则继续执行以下步骤：

初始化变量 nc、ec 和 currentChunk，用于记录元素数量、当前元素绑定数量和当前的节点块。

```
let nc = 0 // 当前元素数量
let ec = 0 // 当前元素绑定的计数
const currentChunk: StringifiableNode[] = []
```

使用 for 循环遍历子节点，判断是否可以进行变量提升。如果可以提升，则意味着子节点必须是可字符串化的节点，调用 analyzeNode()函数对节点进行标记。完成后记录节点状态，将节点保存到 currentChunk 数组，跳出本次循环。如果不能进行静态提升，则调用 stringifyCurrentChunk 函数分析是否满足字符串化的标准，并且重置状态。具体代码实现如下：

```
let i = 0
for (; i < children.length; i++) {
```

```
    const child = children[i]
    // 判断是否为可以提升的节点
    const hoisted = getHoistedNode(child)
    if (hoisted) {
      // 若存在提升,则子节点必须是可字符串化的节点
      const node = child as StringifiableNode
      const result = analyzeNode(node)
      if (result) {
        // 节点是字符串化的,记录状态
        nc += result[0]
        ec += result[1]
        currentChunk.push(node)
        continue
      }
    }
    // 只有当遇到一个不可字符串化的节点时才会执行此处
    // 检查当前分析的节点是否满足字符串化的标准
    // 调整迭代索引
    i -= stringifyCurrentChunk(i)
    // reset state
    // 重置状态
    nc = 0
    ec = 0
    currentChunk.length = 0
  }
  stringifyCurrentChunk(i)
```

完成该步骤后,判断最后一个节点是否也需要字符串化,完成整个逻辑的执行。根据该逻辑,目前需关注两个函数:stringifyCurrentChunk()和 analyzeNode()。

stringifyCurrentChunk()函数判断当前节点数量是否大于阈值,若大于阈值则进行合并操作,若小于则直接返回 0。具体代码实现如下:

```
  /**
   * 对于超出阈值的静态节点进行合并,合并为一个后仅保留第一个静态提升表达式
   * 其余子节点均清空,并删除子节点挂载
   * @param currentIndex
   * @returns
   */
  const stringifyCurrentChunk = (currentIndex: number): number => {
    /**
     * 节点数量大于阈值
     */
    if (
      nc >= StringifyThresholds.NODE_COUNT ||
      ec >= StringifyThresholds.ELEMENT_WITH_BINDING_COUNT
    ) {
      // 将当前所有符合条件的节点合并到一个静态 VNode
      const staticCall = createCallExpression(context.helper(CREATE_STATIC), [
        JSON.stringify(
          currentChunk.map(node => stringifyNode(node, context)).join('')
        ),
        // 第二个参数表示这个静态 VNode 将插入或合并的 DOM 节点数
        String(currentChunk.length)
      ])
      // 用静态 VNode 替换第一个 VNode 的提升表达式
      replaceHoist(currentChunk[0], staticCall, context)
```

```
    if (currentChunk.length > 1) {
      for (let i = 1; i < currentChunk.length; i++) {
        // 对于合并的 VNode,将它们的提升表达式设置为 null
        replaceHoist(currentChunk[i], null, context)
      }
      // 从子 VNode 中删除合并的 VNode
      const deleteCount = currentChunk.length - 1
      children.splice(currentIndex - currentChunk.length + 1, deleteCount)
      return deleteCount
    }
  }
  return 0
}
```

analyzeNode()函数先对部分类型进行处理,完成后会调用 walk()方法,以递归方式格式化字符串。在调用 walk()方法前,先判断是否为 element 类型,并且标签是否为 isNonStringifiable 中的一项,若是则直接返回;如果是 TEXT_CALL 类型,则返回 nc 和 ec 位置信息。element 标签种类如下:

```
const isNonStringifiable = /*#__PURE__*/ makeMap(
  `caption,thead,tr,th,tbody,td,tfoot,colgroup,col`
)
```

代码实现如下:

```
if (node.type === NodeTypes.ELEMENT && isNonStringifiable(node.tag)) {
  return false
}
if (node.type === NodeTypes.TEXT_CALL) {
  return [1, 0]
}
```

上述判断均不满足,则初始化 nc、ec 变量值,并设置 bailed 变量用于标识返回数据还是变量。walk()方法内部由两个 for 循环组成。第一个 for 循环遍历 node.props 属性,判断哪些属性不能标记。具体代码实现如下:

```
for (let i = 0; i < node.props.length; i++) {
  const p = node.props[i]
  // bail on non-attr bindings
  // 放弃非属性绑定
  if (p.type === NodeTypes.ATTRIBUTE && !isStringifiableAttr(p.name)) {
    return bail()
  }
  if (p.type === NodeTypes.DIRECTIVE && p.name === 'bind') {
    // bail on non-attr bindings
    // 放弃非属性绑定
    if (
      p.arg &&
      (p.arg.type === NodeTypes.COMPOUND_EXPRESSION ||
        (p.arg.isStatic && !isStringifiableAttr(p.arg.content)))
    ) {
      return bail()
    }
  }
}
```

此处通过 bail()方法设置 bailed 变量的状态,以便于判断返回成功或失败。完成 props

属性值遍历后，第二个 for 循环开始遍历子节点，根据子节点元素的类型，递归调用 walk()方法标记。具体代码实现如下：

```
for (let i = 0; i < node.children.length; i++) {
  nc++
  const child = node.children[i]
  if (child.type === NodeTypes.ELEMENT) {
    if (child.props.length > 0) {
      ec++
    }
    walk(child)
    if (bailed) {
      return false
    }
  }
}
```

此处通过遍历子节点增加 nc 的值，遍历 props 属性值新增 ec 的值，并且通过 bailed 的值判断 walk 的返回值是 false 还是 nc 和 ec 标记的数量值。完成后，通过 walk 的返回值判断返回数据类型。具体代码实现如下：

```
return walk(node) ? [nc, ec] : false
```

上述代码逻辑是 analyzeNode()函数的具体实现过程，主要涉及对 nc 和 ec 的数量统计，因此在调用 analyzeNode()函数时才能获取 nc 和 ec 的值。完成统计后，将信息记录到变量内，并开始下一个节点的统计。

7.4 生成代码字符串

generate()函数将 AST 对象转换为代码字符串并返回。该函数位于 $compiler-core_codegen.ts 文件内。该函数主要执行以下逻辑：

(1) 创建模板字符串上下文；

(2) 生成引用函数；

(3) 生成函数签名；

(4) 判断是否需要 with 函数扩展作用域；

(5) 资源分解处理；

(6) 生成节点代码字符串；

(7) 返回代码字符串。

由上述逻辑可知，代码字符串的生成比较清晰。接下来分别介绍每个逻辑的实现代码。

7.4.1 创建模板字符串上下文

createCodegenContext()函数用于生成模板字符串，以 ast 和 options 作为参数，根据 options 解构出的内容，生成 context 对象，该对象包括如下方法：

(1) 拼接方法(push)，用于拼接字符串；

(2) 缩进方法(indent)，用于新增代码缩进字符串；

(3) 回退缩进方法(deindent)，用于新增回退缩进字符串；

(4) 换行方法(newline)，用于新增换行字符串。

完成后返回上下文，涉及代码如下：

```
function createCodegenContext(
  ast: RootNode,
  {
    mode = 'function',
    prefixIdentifiers = mode === 'module',
    sourceMap = false,
    filename = `template.vue.html`,
    scopeId = null,
    optimizeImports = false,
    runtimeGlobalName = `Vue`,
    runtimeModuleName = `vue`,
    ssrRuntimeModuleName = 'vue/server-renderer',
    ssr = false,
    isTS = false,
    inSSR = false
  }: CodegenOptions
): CodegenContext {
  const context: CodegenContext = {
    mode,
    prefixIdentifiers,
    sourceMap,
    filename,
    scopeId,
    optimizeImports,
    runtimeGlobalName,
    runtimeModuleName,
    ssrRuntimeModuleName,
    ssr,
    isTS,
    inSSR,
    source: ast.loc.source,
    code: ``,
    column: 1,
    line: 1,
    offset: 0,
    indentLevel: 0,
    pure: false,
    map: undefined,
    helper(key) {
      return `_${helperNameMap[key]}`
    },
    // 拼接字符串
    push(code, node) {
      context.code += code
      if (!__BROWSER__ && context.map) {
        if (node) {
          let name
          if (node.type === NodeTypes.SIMPLE_EXPRESSION && !node.isStatic) {
            const content = node.content.replace(/^_ctx\./, '')
            if (content !== node.content && isSimpleIdentifier(content)) {
              name = content
            }
          }
          // 生成 sourcemap
          addMapping(node.loc.start, name)
        }
        advancePositionWithMutation(context, code)
```

```
        if (node && node.loc !== locStub) {
          addMapping(node.loc.end)
        }
      }
    },
    // 缩进
    indent() { ... },
    // 回退缩进
    deindent(withoutNewLine = false) { ... },
    newline() { ... }
  }
  // 换行符
  function newline(n: number) {
    context.push('\n' + ` `.repeat(n))
  }
  // 创建 sourcemap 位置
  function addMapping(loc: Position, name?: string) {
    context.map!.addMapping({
      name,
      source: context.filename,
      original: {
        line: loc.line,
        column: loc.column - 1 // source - map column is 0 based
      },
      generated: {
        line: context.line,
        column: context.column - 1
      }
    })
  }
  // 存在 sourcemap 时,生成 sourcemap 信息
  if (!__BROWSER__ && sourceMap) {
    // lazy require source - map implementation, only in non - browser builds
    context.map = new SourceMapGenerator()
    context.map!.setSourceContent(filename, context.source)
  }
  return context
}
```

上述代码完成模板字符串上下文的创建,内部对 sourcemap 进行处理,用于记录每个节点的位置。

7.4.2 生成引用函数

完成上下文创建后,将根据 mode 类型(module 类型和 function 类型),生成不同的引用函数。如果是 module 类型,则使用 genModulePreamble()函数生成,并调用 export 导出;若不是,则调用 genFunctionPreamble()函数生成,并调用 return 返回。

两种类型生成的引用函数如下:

(1) module 类型。

```
import { createVNode as _createVNode } from "vue"
```

(2) function 类型。

```
const { createVNode: _createVNode } = Vue
```

7.4.3 生成函数签名

所谓函数签名，是指拼接传入的参数，生成对应函数体。首先判断是否为 SSR 渲染，如果是 SSR，则传入 4 个参数；如果不是，则传入 2 个参数。

```
const args = ssr ? ['_ctx', '_push', '_parent', '_attrs'] : ['_ctx', '_cache']
```

完成后判断，若不是浏览器环境，有 bindingMetadata 参数，且不是内联的情况下，则绑定优化参数。

```
if (!__BROWSER__ && options.bindingMetadata && !options.inline) {
    args.push('$ props', '$ setup', '$ data', '$ options')
}
```

完成后开始函数签名，并生成对应的函数体，代码实现如下：

```
// 适配 ts 情况，指定参数类型
const signature =
    !__BROWSER__ && options.isTS
      ? args.map(arg => `$ {arg}: any`).join(',')
      : args.join(', ')
// 根据类型判断生成函数体，并传递参数
if (isSetupInlined) {
  push(`($ {signature}) => {`)
} else {
  push(`function $ {functionName}($ {signature}) {`)
}
```

7.4.4 判断是否需要 with 函数扩展作用域

使用 useWithBlock 参数判断是否需要使用 with 函数扩展作用域，内部添加 with 作用域时，对于 function 类型的 const 声明应该在 block 内部，所以根据 hasHelpers 判断是否有辅助属性。若有则在此处添加，在解构辅助属性时，也会对属性进行重命名，避免与用户的属性发生冲突。具体代码实现如下：

```
if (useWithBlock) {
  push(`with (_ctx) {`)
  indent()
  // 添加辅助属性
  if (hasHelpers) {
    push(
      `const { $ {ast.helpers
        .map(s => `$ {helperNameMap[s]}: _$ {helperNameMap[s]}`)
        .join(', ')} } = _Vue`
    )
    push(`\n`)
    newline()
  }
}
```

7.4.5 资源分解处理

对资源分解处理时，涉及如下属性：component（组件）、directive（指令）、filter（Vue2 中的过滤器）和 temps（临时属性）。

除 temps 以外，均调用 genAssets() 函数进行分解，该函数内部对传入的组件、指令和

filter 名称进行解析后，返回代码字符串。

若是 componet 组件，标签名称是 router-view，则生成的代码字符串如下：

```
// vue - router 标签
const _component_router_view = _resolveComponent("router - view");
```

对 directive、filter 也进行同样的处理，将 component 转换为 Directive 和 Filter。完成资源分解后，将资源 id 传入对应的以下画线结尾的 resolve 函数，将结果赋值给声明的变量，完成资源解析。具体代码实现如下：

```
if (ast.components.length) {
  genAssets(ast.components, 'component', context)
  if (ast.directives.length || ast.temps > 0) {
    newline()
  }
}
if (ast.directives.length) {
  genAssets(ast.directives, 'directive', context)
  if (ast.temps > 0) {
    newline()
  }
}
if (__COMPAT__ && ast.filters && ast.filters.length) {
  newline()
  genAssets(ast.filters, 'filter', context)
  newline()
}
```

临时变量的解析，直接通过 for 循环进行拼接，根据传入的参数个数，生成对应数量的临时标签，以_temp1，temp2，temp3，…命名。具体代码实现如下：

```
if (ast.temps > 0) {
    push(`let `)
    for (let i = 0; i < ast.temps; i++) {
      push(`$ {i > 0 ? `, ` : ``}_temp$ {i}`)
    }
  }
```

7.4.6 生成节点代码字符串

上述函数体、参数、临时变量、资源解构等均完成后，调用 genNode()函数生成节点代码字符串。生成节点代码字符串时，需判断字段 AST 的 codegenNode 是否有数据，若没有则直接插入 null，若有则进行节点字符串的生成。genNode()函数内部为分发函数，根据节点类型使用不同的生成节点的方法，此处不展开介绍每个类型的生成逻辑。

genNode()函数的代码实现如下：

```
function genNode(node: CodegenNode | symbol | string, context: CodegenContext) {
  // 字符串，直接插入并返回
  if (isString(node)) {
    context.push(node)
    return
  }
  // 若是 symbol 类型，则调用辅助函数处理后直接插入并返回
  if (isSymbol(node)) {
    context.push(context.helper(node))
```

```
    return
  }
  // 节点类型选择
  switch (node.type) { … }
}
```

在这个阶段，也会使用 genHoists()函数对静态变量提升进行处理。genHoists()函数内部传入 AST 阶段需进行变量提升的节点数组，通过 for 循环遍历 hoists 属性，需静态变量提升的内容使用_hoisted_作为变量开头，再调用 genNode 生成静态提升节点的代码字符串。在解析过程中会判断是否存在 genScopeId 以及节点类型是否为 VNODE_CALL，如果满足判断条件，则加入/ * #__PURE__ * / 注释前缀，表明该节点是静态节点。具体代码实现如下：

```
function genHoists(hoists: (JSChildNode | null)[], context: CodegenContext) {
  // 如果没有需要提升的，直接返回
  if (!hoists.length) {
    return
  }
  context.pure = true
  const { push, newline, helper, scopeId, mode } = context
  const genScopeId = !__BROWSER__ && scopeId != null && mode !== 'function'
  newline()
  if (genScopeId) {
    push(
      `const _withScopeId = n => (${helper(
        PUSH_SCOPE_ID
      )}("${scopeId}"),n = n(),${helper(POP_SCOPE_ID)}(),n)`
    )
    newline()
  }
  for (let i = 0; i < hoists.length; i++) {
    const exp = hoists[i]
    if (exp) {
      const needScopeIdWrapper = genScopeId && exp.type === NodeTypes.VNODE_CALL
      push(
        // 判断是否添加/ * #__PURE__ * / 注释前缀
        `const _hoisted_${i + 1} = ${
          needScopeIdWrapper ? `${PURE_ANNOTATION} _withScopeId(() => ` : ``
        }`
      )
      // 针对节点生成代码字符串
      genNode(exp, context)
      if (needScopeIdWrapper) {
        push(`)`)
      }
      newline()
    }
  }
  // 标识处理完成
  context.pure = false
}
```

7.4.7 返回代码字符串

完成节点代码字符串生成后，则返回 4 个参数，包括 ast、code(代码字符串)、preamble(子上下文中生成，需单独返回)和 map(sourcemap 内容)。具体代码实现如下：

```
return {
    ast,
    code: context.code,
    preamble: isSetupInlined ? preambleContext.code : ``,
    map: context.map ? (context.map as any).toJSON() : undefined
  }
```

7.5 生成 render 函数

在返回代码字符串等数据后，再在 baseCompile()函数内返回 generate()函数的返回值。

```
export function baseCompile(
  template: string | RootNode,
  options: CompilerOptions = {}
): CodegenResult {
  ...
  return generate(
    ast,
    extend({}, options, {
      prefixIdentifiers
    })
  )
}
```

baseCompile()函数又在 compile 函数内被调用，完成该步骤后，回到 $packages-vue_index.ts 文件内，该文件为 vue 入口函数，调用 compile 函数，并解构出代码字符串 code，以 function 类型生成 render 函数。再调用 registerRuntimeCompiler()函数将 compile 函数注入 runtime-core 内。具体代码实现如下：

```
function compileToFunction(
  template: string | HTMLElement,
  options?: CompilerOptions
): RenderFunction {
  // 解构出 code 代码字符串
  const { code } = compile(
    template,
    extend( ... )
  )
  // 生成 render 函数
  const render = (
    __GLOBAL__ ? new Function(code)() : new Function('Vue', code)(runtimeDom)
  ) as RenderFunction
  ;(render as InternalRenderFunction)._rc = true
  return (compileCache[key] = render)
}
// 注入 runtime-core 模块内
registerRuntimeCompiler(compileToFunction)
```

7.6 位运算

如前所述，Vue3 采用位运算来判断组件类型。在 patch 节点时，通过 ShapeFlags 标识不同的类型，根据不同的类型执行相应的逻辑，也使用 patchFlags 标识需要更新的类型，用于运行时的优化。

本节主要介绍位运算在 Vue3 中的使用。在介绍位运算之前，首先查看 ShapeFlags 的枚举值，位于 $shared_shapeflags.ts 文件内。具体代码实现如下：

```
export const enum ShapeFlags {
  ELEMENT = 1, //HTML 或 SVG 标签普通 DOM 元素
  FUNCTIONAL_COMPONENT = 1 << 1, //函数式组件
  STATEFUL_COMPONENT = 1 << 2, //普通有状态组件
  TEXT_CHILDREN = 1 << 3, // 子节点是纯文本
  ARRAY_CHILDREN = 1 << 4, //子节点是数组
  SLOTS_CHILDREN = 1 << 5, //子节点是插槽
  TELEPORT = 1 << 6, //Teleport 类型组件
  SUSPENSE = 1 << 7, //Suspense 类型组件
  COMPONENT_SHOULD_KEEP_ALIVE = 1 << 8, //需要 keep-alive 的有状态组件
  COMPONENT_KEPT_ALIVE = 1 << 9, //已经被 keep-alive 的有状态组件
  COMPONENT = ShapeFlags.STATEFUL_COMPONENT | ShapeFlags.FUNCTIONAL_COMPONENT //有状态组件和
函数组件都是组件，用 COMPONENT 表示
}
```

根据上述枚举可以发现，ShapeFlags 使用位运算标识节点类型。二进制位运算的主要符号包括 &、|、^、~、<<和>>。

&(与)：两个都为 1，结果才为 1。

|(或)：只要一个为 1，结果就为 1。

^(异或)：只有 01，10 这类结果为 1，其余结果均为 0。

~(按位取反)：所有 0 变成 1，1 变成 0。

<<(左移)：左移若干位，高位丢弃，低位补 0。

>>(右移)：右移若干位，对无符号数，高位补 0。

对有符号数，各编译器处理方法不一样，有的补符号位，有的补 0。此处通过简单举例来说明每个符号的使用。

例 1：&(与)符号 100&101 = 100

解读：按照刚才的介绍，只有全为 1 才为 1，分别对每个位置上的数进行求 &(与)。左边第一位两个数均为 1，所以与后结果为 1；右边最后一位为 1，但是两个数的最后一位分别为 0 和 1，所以结果为 0，此处 & 之后结果为 100。

例 2：|(或)符号 100&101 = 101

解读：与例 1 类似，但此处只要有 1 就为 1，所以最后结果为 101。

例 3：^(异或)符号 100^101 = 001

解读：只有为 01，10 这种才能为 1，其余情况均为 0，因此最后结果为 001。

例 4：~(按位取反)符号~100 = 011(二进制)

解读：由名称可知，将 0 变成 1，1 变成 0 即可。

例 5：<<(左移)符号 100 << 1 = 1000(二进制)

解读：左移若干位，高位丢弃(溢出的情况下)，低位补 0。

例 6：>>(右移)符号 100 >> 1 = 10(二进制)

解读：右移若干位，无符号数，高位补 0，有符号数，保留符号，复制最左侧的位来填充左侧，向右位移并丢弃最右边的位。

通过上面的例子，根据刚刚枚举出的状态，可以简单地理解 ShapeFlags 枚举值的含义。根据对应的数字，对二者求 &(与)，即可判断当前组件的具体类型，执行不同的代码逻辑。在 Vue3 中，位运算主要用于判断节点状态和 patch 标记时。

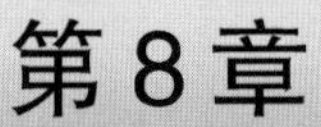

第8章 组件和API实现

CHAPTER 8

本章主要介绍 Vue3 中常用组件和 API 的实现逻辑。通过本章的学习,用户可以掌握对它们的使用,在使用的基础上理解其内部原理。

观看视频速览本章主要内容。

8.1 Suspense

Suspense 是 Vue3 中新增加的组件,可以在异步加载组件的过程中展示占位组件,效果类似于在图片加载过程中展示占位图。使用 Suspense 组件时,只需要用 Suspense 标签包裹模板,设置好默认占位组件和异步加载组件。具体代码实现如下:

```
<Suspense>
  <template #default>
    <async-component />
  </template>
  <template #fallback>
    loading...
  </template>
</Suspense>
```

上述代码通过两个 template 模板占位,分别加载 default 占位组件和 fallback 异步组件,实现组件的切换。这种方式与 if-else 的切换方式相比更加优雅。

因为是模板语法,涉及将模板转换为 render 函数的步骤,因此先查看该模板转换为 render 函数后的逻辑。具体代码实现如下:

```
import { resolveComponent as _resolveComponent, createVNode as _createVNode, createTextVNode as _createTextVNode, Suspense as _Suspense, withCtx as _withCtx, openBlock as _openBlock, createBlock as _createBlock } from "vue"
export function render(_ctx, _cache, $props, $setup, $data, $options) {
  const _component_async_component = _resolveComponent("async-component")
  return (_openBlock(), _createBlock(_Suspense, null, {
    default: _withCtx(() => [
      _createVNode(_component_async_component)
    ]),
    fallback: _withCtx(() => [
      _createTextVNode(" loading... ")
    ]),
    _: 1 /* STABLE */
  }))
}
```

由 render 函数可知，渲染出 default 和 fallback 两个对象。两个对象均创建 VNode 节点。所涉及代码在 $ runtime-core_vnode. ts 文件内。具体代码实现如下：

```
export function createTextVNode(text: string = '', flag: number = 0): VNode {
  return createVNode(Text, null, text, flag)
}
```

在 VNode 创建时，若遇到 Suspense 类型组件，则调用 normalizeSuspenseChildren()函数得到 content 和 fallback 两个 VNode 节点。具体代码实现如下：

```
function normalizeSuspenseChildren(vnode: VNode) {
  const { shapeFlag, children } = vnode
  const isSlotChildren = shapeFlag & ShapeFlags.SLOTS_CHILDREN
  vnode.ssContent = normalizeSuspenseSlot(
    isSlotChildren ? (children as Slots).default : children
  )
  vnode.ssFallback = isSlotChildren
    ? normalizeSuspenseSlot((children as Slots).fallback)
    : createVNode(Comment)
}
```

该函数内部传入 Suspense 组件的 VNode，得到 default 和 fallback 两个子组件，调用 normalizeSuspenseSlot 函数对两个子组件进行处理并返回。由 Suspense 组件得到子组件 VNode 后，保存在 ssContent 和 ssFallback 属性内，以便后续进行 patch 渲染时使用。

1. 渲染流程

在 patch 渲染时，判断当前 VNode 的类型是否为 Suspense 组件，若是则执行 Suspense 组件创建流程。调用 SuspenseImpl 对象的 process 方法，传入对应的 VNode 节点、上下文、锚点、父节点等参数。SuspenseImpl 对象在 $ runtime-core-components_Suspense. ts 文件内，该对象内有 process 方法、hydrate 方法、create 方法和 normalize 方法。当执行 process 方法时，会根据是否有旧节点判断是执行挂载(mountSuspense)还是更新(patchSuspense)逻辑。

2. 挂载逻辑

mountSuspense()函数内通过 createSuspenseBoundary()函数创建 Suspense 实例，完成后检查是否还有异步依赖，若存在则继续执行 patch 操作；若不存在则执行 Suspense. resolve()方法，标识异步函数已加载完成。由 mount 的实现逻辑可知，异步组件中也可以继续嵌套异步组件，在挂载的过程中将会递归执行渲染，直到所有递归遍历完成后，再触发 resolve()函数。

在介绍其他逻辑前，首先查看 Suspense 实例的创建流程和 createSuspenseBoundary()函数的实现逻辑。该函数内容较多，下面逐步查看其实现原理。

createSuspenseBoundary()函数解构出渲染函数对应的方法，包括 patch、move 和 unmount 等，完成该步骤后开始创建 Suspense 实例。具体代码实现如下：

```
function createSuspenseBoundary(
  ...
): SuspenseBoundary {
  const {
    p: patch,
    m: move,
    um: unmount,
    n: next,
    o: { parentNode, remove }
  } = rendererInternals
  const timeout = toNumber(vnode.props && vnode.props.timeout)
```

```
  const suspense: SuspenseBoundary = {
    ...
    // 解析完成
    resolve(resume = false) {
      ...
    },
    // 回调
    fallback(fallbackVNode) {
      ...
    },
    // 移动
    move(container, anchor, type) {
      ...
    },
    // 跳过
    next() {
      return suspense.activeBranch && next(suspense.activeBranch)
    },
    // 注册依赖
    registerDep(instance, setupRenderEffect) {
      ...
    },
    // 卸载
    unmount(parentSuspense, doRemove) {
      ...
    }
  }
  return suspense
}
```

由上述 Suspense 组件的实现可知，该过程与 app 实例构造类似。该实例内实现许多方法，通过方法的调用完成 Suspense 组件的注册、渲染和卸载等操作。上面提到的调用 Suspense.resolve()方法，也是在此处实现。下面简单查看该实例的 interface。

```
export interface SuspenseBoundary {
  // susupense VNode
  vnode: VNode<RendererNode, RendererElement, SuspenseProps>
  // 父 suspense 实例
  parent: SuspenseBoundary | null
  // 父组件实例
  parentComponent: ComponentInternalInstance | null
  isSVG: boolean
  // 子树渲染的容器
  container: RendererElement
  // subTree 临时存放元素
  hiddenContainer: RendererElement
  // 相对锚点
  anchor: RendererNode | null
  // 准备就绪的组件
  activeBranch: VNode | null
  // 处于 pengding 状态的 VNode
  pendingBranch: VNode | null
  // 依赖收集个数
  deps: number
  pendingId: number
  // 超时时间
  timeout: number
```

```
  // 是否有错误
  isInFallback: Boolean
  // 是否为服务器端渲染
  isHydrating: Boolean
  // 是否已经卸载
  isUnmounted: boolean
  // 副作用函数列表
  effects: Function[]
  // resolve suspense
  resolve(force?: boolean): void
  // 重设 suspense,返回未 resolve 状态
  fallbback(fallbackVNode: VNode): void
  // 移动
  move(
    container: RendererElement,
    anchor: RendererNode | null,
    type: MoveType
  ): void
  next(): RendererNode | null
  // 向该 Suspense 注册异步依赖
  registerDep(
    instance: ComponentInternalInstance,
    setupRenderEffect: SetupRenderEffectFn
  ): void
  // 卸载
  unmount(parentSuspense: SuspenseBoundary | null, doRemove?: boolean): void
}
```

完成 Suspense 组件中子组件的 VNode 介绍和实例化创建后,再梳理其实现步骤。使用 Suspense 组件时涉及依赖收集,当异步组件加载完成后执行 update 方法触发组件的切换,这个过程依赖 effect 副作用函数。Suspense 组件内部的 process 方法涉及更新逻辑,整个流程如下:template 转换为 render 渲染函数,再创建 VNode 渲染出两个子节点,再通过 patch 触发 effect 副作用函数,若遇到 Suspense 类型组件,则渲染默认组件后占位,待异步组件创建完成后,逐个执行 Suspense 组件内保存的依赖,对 Suspense 组件进行更新切换。

在这个过程中,还有枢纽环节的 effect 副作用函数未介绍。在组件渲染过程中,执行 mountComponent()函数对遇到的 Suspense 类型组件进行注册,然后执行 setup。在 setup 内部通过 setupStatefulComponent()函数对 Suspense 组件进行处理,并将 setupResult 保存到当前上下文的 asyncDep 属性以便后续调用。具体代码实现如下:

```
function setupStatefulComponent(
  instance: ComponentInternalInstance,
  isSSR: boolean
) {
  …
  if (isPromise(setupResult)) {
    if (isSSR) {
      …
    } else if (__FEATURE_SUSPENSE__) {
      // async setup 返回 Promise 对象,保存在这里,等待再次进入
      instance.asyncDep = setupResult
    } else if (__DEV__) {
      …
    }
  }
}
```

执行 setup 函数后，回到 mountComponent()函数的主逻辑，若是 Suspense 类型且有 asyncDep 对象，则执行父 Suspense 组件异步依赖收集。具体代码实现如下：

```
// setup 函数为异步的相关处理
if (__FEATURE_SUSPENSE__ && instance.asyncDep) {
  // 向父组件注册异步依赖
  parentSuspense && parentSuspense.registerDep(instance, setupRenderEffect)
  // 创建注释节点
  if (!initialVNode.el) {
    const placeholder = (instance.subTree = createVNode(Comment))
    processCommentNode(null, placeholder, container!, anchor)
  }
  return
}
```

在进行 mount 挂载时，遇到 setup 为异步状态(async)且为 Suspense 类型时，会将当前上下文和 setupRenderEffect()函数作为参数，传入 registerDep()函数进行父组件的依赖注册。注册完成后会判断初始节点是否存在，若不存在，则创建一个注释节点用于占位，作为后续 Suspense 节点异步加载完成后的锚点节点。通过这种方式完成整个注册和锚点定位处理。

因为 Suspense 支持多个异步组件和嵌套依赖，所以在进行注册时，内部将会维护一个记录值，用于记录注册的数量。完成后开始执行当前组件上下文的 asyncDep()方法，该方法内保存了 setup 的执行情况，在执行完成后调用 setupRenderEffect()函数进行 effect 依赖收集，以便于后续触发 effect 副作用函数的执行。

组件 mount 阶段若遇到 Suspense 类型组件，会将 setup 函数的执行时机交由 Suspense 组件控制。完成 setup 函数处理后，调用 handleSetupResult()函数处理 render 函数等，进行 effect 副作用函数依赖收集。该步骤完成后，整个依赖收集阶段完成，但是仍然会判断当前 Suspense 组件的处理情况，若有依赖已进入 resolve 阶段，则记录的注册数量减 1，最后当所有依赖均处于 resolve 阶段后，调用 Suspense 组件的 resolve 方法。

```
registerDep(instance, setupRenderEffect) {
  const isInPendingSuspense = !!suspense.pendingBranch
  // 组件执行注册,依赖 + 1
  if (isInPendingSuspense) {
    suspense.deps++
  }
  // 记录解析前 el
  const hydratedEl = instance.vnode.el
  // 执行异步 setup
  instance
    .asyncDep!.catch(err => {
      handleError(err, instance, ErrorCodes.SETUP_FUNCTION)
    })
    .then(asyncSetupResult => {
      // 组件在解析前已经卸载,直接返回
      if (
        instance.isUnmounted ||
        suspense.isUnmounted ||
        suspense.pendingId !== instance.suspenseId
      ) {
        return
      }
      // 一个异步依赖已经 resolved
      instance.asyncResolved = true
```

```
      const { vnode } = instance
      if (__DEV__) {
        pushWarningContext(vnode)
      }
      handleSetupResult(instance, asyncSetupResult, false)
      if (hydratedEl) {
        // vnode 可能已经被替换
        vnode.el = hydratedEl
      }
      const placeholder = !hydratedEl && instance.subTree.el
      // 执行 effect 函数依赖收集
      setupRenderEffect(
        ...
      )
      // 如果有注释节点,则删除
      if (placeholder) {
        remove(placeholder)
      }
      // 递归更新
      updateHOCHostEl(instance, vnode.el)
      if (__DEV__) {
        popWarningContext()
      }
      // 一个异步依赖已经 resolved 计数减 1,所有依赖 resolved 后,进入 resolve 阶段
      if (isInPendingSuspense && --suspense.deps === 0) {
        suspense.resolve()
      }
    })
}
```

上述代码描述了注册的主要流程,完成后开始执行 resolve 方法将 fallbackTree 切换为 defaultTree。当组件处于 resolve 阶段时,代表组件已经 patch 完成,并且完成所有异步依赖的处理。在这种情况下,将当前 VNode 指向 defaultTree,再触发 effect 副作用函数实现更新即可。具体代码实现如下:

```
resolve(resume = false) {
  const {
    vnode,
    activeBranch,
    pendingBranch,
    pendingId,
    effects,
    parentComponent,
    container
  } = suspense
  if (suspense.isHydrating) {
    suspense.isHydrating = false
  } else if (!resume) {
    // 若包含 transition 组件,则处理动画相关内容
    ...
    // 获取渲染锚点
    let { anchor } = suspense
    // 如果 default 节点已挂载,则先卸载
    if (activeBranch) {
      // 获取最新锚点
      anchor = next(activeBranch)
```

```
        unmount(activeBranch, parentComponent, suspense, true)
    }
      // patch 已经执行完成,此处直接调用 move 函数进行移动即可
      if (!delayEnter) {
        // 将内容移动到实际容器
        move(pendingBranch!, container, anchor, MoveType.ENTER)
      }
    }
    // 设置当前挂载内容为默认加载内容
    setActiveBranch(suspense, pendingBranch!)
    suspense.pendingBranch = null
    suspense.isInFallback = false
    ...
},
```

至此,初始化完成。下一步将切换当前 VNode 指向,递归判断当前 suspense 组件是否还有处于 pending 状态的父组件,若有则将当前已经收集到的所有 effect 注入该父组件内。等待该父组件变成 resolve 状态后,再触发 effect 副作用函数。若已经没有 suspense 组件处于 pending 状态,则切换当前活动分支为 default 的 VNode,开始异步执行 effects 数组内的 effect 副作用函数。最后清空 effects 的内容,调用 resolve 回调钩子函数。具体代码实现如下:

```
resolve(resume = false) {
  const {
    ...
  } = suspense
  ...
  let parent = suspense.parent
  let hasUnresolvedAncestor = false
  // 判断是否有处于 pending 状态的父 suspense 组件
  while (parent) {
    // 如果存在,则将所有的 effects 依赖统一保存
    if (parent.pendingBranch) {
      // 发现处于 pending 状态的父 suspense 组件,将对应的 effect 副作用
      // 函数合并到父组件内
      parent.effects.push(...effects)
      hasUnresolvedAncestor = true
      break
    }
    parent = parent.parent
  }
  // 如果已经没有父 suspense 处于 pending 状态,则直接开始执行 effect 副作用函数,进行更新
  if (!hasUnresolvedAncestor) {
    queuePostFlushCb(effects)
  }
  suspense.effects = []
  // 调用 resolve 回调钩子函数
  triggerEvent(vnode, 'onResolve')
}
```

上述代码涉及 effect 副作用函数。在执行 setupRenderEffect()函数时,就是处理 effect 的时机。setupRenderEffect()函数将通过 queuePostRenderEffect()方法触发生命周期钩子函数,该方法在执行时会判断是否为 suspense 类型,若是则会调用 queueEffectWithSuspense()函数单独进行处理,涉及代码如下:

```
$ runtime-core_renderer.ts
export const queuePostRenderEffect = __FEATURE_SUSPENSE__
```

```
    ? queueEffectWithSuspense
    : queuePostFlushCb
```

queueEffectWithSuspense 函数的主要作用是进行依赖收集，再触发对应的钩子函数，代码实现如下：

```
export function queueEffectWithSuspense(
  fn: Function | Function[],
  suspense: SuspenseBoundary | null
): void {
  if (suspense && suspense.pendingBranch) {
    if (isArray(fn)) {
      suspense.effects.push(...fn)
    } else {
      suspense.effects.push(fn)
    }
  } else {
    queuePostFlushCb(fn)
  }
}
```

完成该部分源码介绍后，整个 suspense 流程基本完成。

8.2　teleport

teleport 组件也是 Vue3 新增加的组件，通过该组件可以将内容动态挂载到目标 DOM 节点。例如，在页面内编写弹框组件，需要挂载到 body 下，若在 Vue2 中实现该需求，则需要通过 Vue.extend 协助处理，再手动挂载到 body 下，实现成本较高。在这种情况下，通过 teleport 组件可以帮助开发者尽可能简单地实现动态 DOM 挂载。具体代码实现如下：

```
<teleport :to="'app'">
  <span>teleported</span>
</teleport>
```

引用 teleport 组件将实际的内容进行包裹，再设置组件的 to 属性，这样就实现了将一个元素动态地挂载到某位置的需求。通过该组件可极大地提升开发效率。

在 patch 方法内调用 process 方法对 teleport 组件进行渲染。因为是模板语法，涉及将模板转换为 render 渲染函数的步骤，因此先查看该模板转换为 render 渲染函数后的逻辑。具体代码实现如下：

```
import { createElementVNode as _createElementVNode, Teleport as _Teleport, openBlock as _
openBlock, createBlock as _createBlock } from "vue"
export function render(_ctx, _cache, $props, $setup, $data, $options) {
  return (_openBlock(), _createBlock(_Teleport, { to: 'app' }, [
    _createElementVNode("span", null, "teleported")
  ]))
}
```

template 转换为 render 渲染函数后，通过 createBlock()函数进行创建。在创建 teleport 组件的 VNode 时，首先进行 teleport 实例的创建，涉及代码如下：

```
export const TeleportImpl = {
  __isTeleport: true,
  process(
    n1: TeleportVNode | null,
```

```
    n2: TeleportVNode,
    container: RendererElement,
    anchor: RendererNode | null,
    parentComponent: ComponentInternalInstance | null,
    parentSuspense: SuspenseBoundary | null,
    isSVG: boolean,
    optimized: boolean,
    internals: RendererInternals
  ) {
    const disabled = isTeleportDisabled(n2.props)
    const { shapeFlag, children, dynamicChildren } = n2
    if (n1 == null) {
      // 创建逻辑
      ...
    } else {
      // 更新逻辑
      ...
    }
  },
  remove(
    vnode: VNode,
    { r: remove, o: { remove: hostRemove } }: RendererInternals
  ) {
    ...
  },
  move: moveTeleport,
  hydrate: hydrateTeleport
}
```

teleport 组件的内部逻辑相较于 Suspense 组件更简单。process 方法内直接判断是挂载还是更新，对相关逻辑进行处理和分发。

首先查看挂载情况，在主视图插入锚点，根据组件内的 to 属性，获取到目标(target)节点位置后，插入一个空文本作为锚点，然后调用 mount 方法进行后续挂载。此处会判断 teleport 组件 disabled 属性的值，如果为 true，则代表 teleport 组件内容渲染后插入当前上下文指定的锚点；如果为 false，则代表 teleport 组件内容渲染后插入到 to 属性指定的锚点。具体代码实现如下：

```
if (n1 == null) {
  // 创建空字符占位
  const placeholder = (n2.el = __DEV__
    ? createComment('teleport start')
    : createText(''))
  const mainAnchor = (n2.anchor = __DEV__
    ? createComment('teleport end')
    : createText(''))
  insert(placeholder, container, anchor)
  insert(mainAnchor, container, anchor)
  // 获取目标锚点
  const target = (n2.target = resolveTarget(n2.props, querySelector))
  const targetAnchor = (n2.targetAnchor = createText(''))
  if (target) {
    // 目标锚点创建空字符串占位
    insert(targetAnchor, target)
    isSVG = isSVG || isTargetSVG(target)
  } else if (__DEV__ && !disabled) {
    warn('Invalid Teleport target on mount:', target, `($ {typeof target})`)
  }
```

```
const mount = (container: RendererElement, anchor: RendererNode) => {
  // teleport 组件的子节点是数组
  if (shapeFlag & ShapeFlags.ARRAY_CHILDREN) {
    // 挂载子节点
    mountChildren(
      children as VNodeArrayChildren,
      container,
      anchor,
      parentComponent,
      parentSuspense,
      isSVG,
      slotScopeIds,
      optimized
    )
  }
}
// 根据 disabled 判断是挂载在当前 DOM 内,还是 to 属性指定的 DOM 内
if (disabled) {
  mount(container, mainAnchor)
} else if (target) {
  mount(target, targetAnchor)
}
}
```

通过 resolveTarget 选中目标节点,完成渲染后,挂载到对应的 DOM 元素下。to 属性的属性值包括 querySelector()方法选中的元素和自己传入的 DOM 元素。

完成挂载逻辑后,查看更新流程。to 属性和 disabled 属性的变化将触发 Teleport 组件的更新。触发更新的条件如下:

(1) to 属性变化;

(2) disabled: false -> true;

(3) disabled: true -> false。

注:此处的更新是指 Teleport 组件属性的更新,关于 Teleport 组件内容的更新将会遵照子节点的更新流程执行。

在 update 情况下对上述条件分别进行判断。在更新阶段获取必要的组件信息,包括上下文锚点位置、目标锚点、是否切换 disabled 属性、当前锚点和当前容器。

```
n2.el = n1.el
const mainAnchor = (n2.anchor = n1.anchor)!                    // 上下文锚点位置
const target = (n2.target = n1.target)!                        // 目标位置
const targetAnchor = (n2.targetAnchor = n1.targetAnchor)!      // 目标锚点位置
const wasDisabled = isTeleportDisabled(n1.props)               // 当前状态
const currentContainer = wasDisabled ? container : target      // 当前容器
const currentAnchor = wasDisabled ? mainAnchor : targetAnchor  //当前锚点
isSVG = isSVG || isTargetSVG(target)                           // 是否为 SVG
```

该初始化步骤完成后,判断更新节点是否有动态子节点,若有,则调用 patchBlockChildren()函数处理;若没有,则调用 patchChildren()函数处理子节点的 patch,完成后判断 disabled 情况,若从 true-> false,则调用 moveTeleport()函数将新的 VNode 从目标节点移到当前上下文锚点位置内。具体代码实现如下:

```
if (disabled) {
  if (!wasDisabled) {
// true -> false
```

```
      // move into main container
      moveTeleport(
        n2,
        container,
        mainAnchor,
        internals,
        TeleportMoveTypes.TOGGLE
      )
    }
  }
```

如果 to 属性变化，则代表目标节点改变，此时选择新的目标锚点，再调用 moveTeleport()函数进行调整。具体代码实现如下：

```
if (disabled) {
  ...
} else {
  // target changed
  if ((n2.props && n2.props.to) !== (n1.props && n1.props.to)) {
    const nextTarget = (n2.target = resolveTarget(
      n2.props,
      querySelector
    ))
    if (nextTarget) {
      moveTeleport(
        n2,
        nextTarget,
        null,
        internals,
        TeleportMoveTypes.TARGET_CHANGE
      )
    } else if (__DEV__) {
      warn(
        'Invalid Teleport target on update:',
        target,
        `(${typeof target})`
      )
    }
  } else if (wasDisabled) {
    ...
  }
}
```

若以上情况均不是，则判断 wasDisabled 情况，若从 false-> true，则需要调用对 DOM 节点操作的 moveTeleport()函数，将节点从当前容器移到目标容器内。上述代码完成了对 Teleport 组件的挂载和更新流程的介绍。

由本节的学习可知，Teleport 组件传入两个属性：to 和 disabled，两者的改变将会触发整个 Teleport 组件的更新。to 属性的值可以是 querySelect 方法选中的元素，也可以是自己传入 DOM 元素。

8.3 KeepAlive

KeepAlive 组件用于缓存不需要摧毁的组件。默认情况下，在组件之间切换时，原有组件会被销毁，下次使用时需要重新渲染。若涉及页面组件间的频繁切换，则组件的创建和销毁将会对性能产生影响。对于不需要销毁的组件可以通过 KeepAlive 组件包裹，让其缓存在内存中，待下次切换回来后直接使用，例如，从列表页跳转详情页再退回列表页。

KeepAlive 组件在 Vue3 中的使用如下：

```
<KeepAlive>
  <Component></Component>
</KeepAlive>
```

因为是模板语法，涉及将模板转换为 render 渲染函数的步骤，因此先查看该模板转换为 render 渲染函数后的逻辑。具体代码实现如下：

```
import {
  resolveComponent as _resolveComponent,
  createVNode as _createVNode,
  KeepAlive as _KeepAlive,
  openBlock as _openBlock,
  createBlock as _createBlock
} from "vue"
export function render(_ctx, _cache, $ props, $ setup, $ data, $ options) {
  const _component_Component = _resolveComponent("Component")
  return (_openBlock(), _createBlock(_KeepAlive, null, [
    _createVNode(_component_Component)
  ], 1024 /* DYNAMIC_SLOTS */))
}
```

上述渲染函数，传入 KeepAlive()函数使用 createBlock()函数创建组件。KeepAlive()函数在 $ runtime-core-components_KeepAlive.ts 文件内。KeepAlive 实例通过 KeepAliveImpl 对象创建，内部包含 props 和 setup 等对象和方法。props 对象共有 3 个：include、exclude 和 max。include 可以理解为组件缓存白名单，exclude 为组件缓存黑名单，max 字段用于控制缓存组件的数量，达到最大数量后通过先进先出（队列）的方式，覆盖最先缓存的组件，以释放出内存空间。

KeepAlive 组件初始化在子组件的 setup 触发前执行，缓存子组件后再将其返回。完成该步骤后，正常执行子组件的渲染逻辑。具体代码实现如下：

```
const KeepAliveImpl: ComponentOptions = {
  name: `KeepAlive`,
  __isKeepAlive: true,
  props: {
    include: [String, RegExp, Array],
    exclude: [String, RegExp, Array],
    max: [String, Number]
  },
  setup(props: KeepAliveProps, { slots }: SetupContext) {
    const instance = getCurrentInstance()!
    const sharedContext = instance.ctx as KeepAliveContext
    const cache: Cache = new Map()
    const keys: Keys = new Set()
    ...
    // 激活状态
    sharedContext.activate = (vnode, container, anchor, isSVG, optimized) => {
      ...
    }
    // 禁用状态
    sharedContext.deactivate = (vnode: VNode) => {
      ...
```

```
    }
    // 卸载
    function unmount(vnode: VNode) {
      // reset the shapeFlag so it can be properly unmounted
      resetShapeFlag(vnode)
      _unmount(vnode, instance, parentSuspense)
    }

    // 删除缓存
    function pruneCache(filter?: (name: string) => boolean) {
      ...
    }
    // 删除缓存条目
    function pruneCacheEntry(key: CacheKey) {
      ...
    }
    //watch 监听
    watch(
      ...
    )
    // cache sub tree after render
    // 渲染后缓存子树
    let pendingCacheKey: CacheKey | null = null
    const cacheSubtree = () => {
      // fix #1621, the pendingCacheKey could be 0
      if (pendingCacheKey != null) {
        cache.set(pendingCacheKey, getInnerChild(instance.subTree))
      }
    }
    // 触发 mounted 钩子函数
    onMounted(cacheSubtree)
    // 触发更新钩子函数
    onUpdated(cacheSubtree)
    // 即将卸载钩子函数
    onBeforeUnmount(() => {
      ...
    })
    // 返回处理好的 rawVNode
    return () => {
      ...
      return rawVNode
    }
  }
}
```

KeepAlive组件内部包括props内容变化监听、钩子函数调用等。KeepAlive组件将包裹的元素当作匿名slot处理,在不渲染视图的基础上执行相关逻辑。具体代码实现如下:

```
return () => {
  pendingCacheKey = null
  // 匿名 slots 不存在直接返回 null
  if (!slots.default) {
    return null
  }
  // 获取匿名 slot 的子节点
  const children = slots.default()
  // 选择子节点的第一个 VNode
```

```
const rawVNode = children[0]
// 判断 slots 子节点的个数
if (children.length > 1) {
  if (__DEV__) {
    warn(`KeepAlive should contain exactly one component child.`)
  }
  current = null
  return children
} else if (
  !isVNode(rawVNode) ||
  (!(rawVNode.shapeFlag & ShapeFlags.STATEFUL_COMPONENT) &&
    !(rawVNode.shapeFlag & ShapeFlags.SUSPENSE))
) {
  current = null
  return rawVNode
}
…
}
```

由上述代码可知，如果匿名 slot 不存在，则直接返回 null，结束执行；若存在，则默认取出匿名 slot 的第一个子组件，也就是 KeepAlive 包裹的组件。KeepAlive 包裹多个组件会在开发环境产生告警，提示 KeepAlive 只能有一个子组件，若是生产环境，则不做任何处理，直接返回第一个子组件。完成后继续判断获取到的第一个子节点类型，若不是 VNode 或者有状态的组件且不是 suspense 组件，则直接返回获取到的第一个子节点。

完成上述处理后，若存在如下情况，则直接返回对应的子节点 VNode：

(1) 存在 include，且组件没有名称或已有缓存；

(2) 存在 exclude，有组件名称且未缓存。

以上两种情况均会直接返回 rawVNode，代码实现如下：

```
// 拿到第一个子组件的 VNode
let vnode = getInnerChild(rawVNode)
const comp = vnode.type as ConcreteComponent
const name = getComponentName(
        isAsyncWrapper(vnode)
          ? (vnode.type as ComponentOptions).__asyncResolved || {}
          : comp
      )
const { include, exclude, max } = props
// 存在 include 或者 exclude 数组
// include 且组件没有名称或已有缓存，
// 或 exclude 且有组件名称并且未缓存，
// 直接返回对应的子节点 VNode
if (
  (include && (!name || !matches(include, name))) ||
  (exclude && name && matches(exclude, name))
) {
  current = vnode
  return rawVNode
}
```

若以上情况均不存在，则判断 VNode 是否为 suspense 类型的组件。若是，则执行 VNode 为 Suspense 类型的组件逻辑。Suspense 组件在进行 VNode 转换的过程中会产生突变，所以先保存 VNode，以免受到影响。具体代码实现如下：

```
  if (vnode.el) {
    vnode = cloneVNode(vnode)
    if (rawVNode.shapeFlag & ShapeFlags.SUSPENSE) {
      rawVNode.ssContent = vnode
    }
  }
```

完成该步骤后,判断是否有缓存 key。如果没有则添加,添加时会判断缓存 key 数量是否已经达到 max 值,若已达到则删除最早进入的 key。如果有缓存 key,则进一步判断缓存 VNode 是否涉及动画等。完成该判断后将 VNode 组件的类型通过按位或(|=)的方式标识该 VNode 处于缓存状态,防止 VNode 被卸载,返回匿名插槽内的第一个 VNode。具体代码实现如下:

```
return () => {
  ...
  const key = vnode.key == null ? comp : vnode.key
  const cachedVNode = cache.get(key)
  if (vnode.el) {
    vnode = cloneVNode(vnode)
    if (rawVNode.shapeFlag & ShapeFlags.SUSPENSE) {
      rawVNode.ssContent = vnode
    }
  }
  // 首先挂起该 key
  pendingCacheKey = key
  // 如果有,则缓存该 VNode
  if (cachedVNode) {
    // 复制挂载状态到当前 VNode
    vnode.el = cachedVNode.el
    vnode.component = cachedVNode.component
    // 如果涉及动画,触发动画钩子函数
    if (vnode.transition) {
      // 递归更新 subFree 上的 transition 钩子函数
    }
    // 避免 VNode 以不同的方式挂载
    // |= 按位或
    // 对 vnodeshapeFLag 通过按位或(|=)的方式调整状态
    vnode.shapeFlag |= ShapeFlags.COMPONENT_KEPT_ALIVE
    // 先删除 key 再保存 key,保持这个 key 是最新的
    keys.delete(key)
    keys.add(key)
  } else {
    // 否则直接添加 key
    keys.add(key)
    // 删除最老进入的 key
    if (max && keys.size > parseInt(max as string, 10)) {
      pruneCacheEntry(keys.values().next().value)
    }
  }
  // 再次通过按位或(|=)的方式防止 VNode 被卸载,标识该 VNode 处于缓存状态
  vnode.shapeFlag |= ShapeFlags.COMPONENT_SHOULD_KEEP_ALIVE
  current = vnode
  return rawVNode
}
```

上述代码可以查看整个 KeepAlive 组件的处理流程,在不渲染包裹组件的情况下完成组件 key 的缓存和收集,再返回子组件。

首先查看 KeepAlive 组件激活时的流程。获取到上下文对象后调用 activate 对象触发匿名方法。该匿名方法内部涉及节点的调整和 patch，再触发 onVnodeMounted()钩子函数。具体代码实现如下：

```
sharedContext.activate = (vnode, container, anchor, isSVG, optimized) => {
  const instance = vnode.component!
  move(vnode, container, anchor, MoveType.ENTER, parentSuspense)
  // 防止 props 变化
  patch(
    instance.vnode,
    vnode,
    container,
    anchor,
    instance,
    parentSuspense,
    isSVG,
    vnode.slotScopeIds,
    optimized
  )
  queuePostRenderEffect(() => {
    instance.isDeactivated = false
    // 调用 deactivated 这个 KeepAlive 特有的生命周期钩子函数
    if (instance.a) {
      invokeArrayFns(instance.a)
    }
    const vnodeHook = vnode.props && vnode.props.onVnodeMounted
    if (vnodeHook) {
      invokeVNodeHook(vnodeHook, instance.parent, vnode)
    }
  }, parentSuspense)
}
```

再查看 KeepAlive 组件禁用时的流程。获取到上下文对象后调用 deactivate 对象触发匿名方法。该匿名方法内部调用 move 函数实现 DOM 节点的变化，再调用 VNode 的 onVnodeUnmounted()钩子函数。

接下来查看 watch 方法，该方法监听 props 传入的 include 和 exclude 数组。当 include 和 exclude 存入的值变化时，将调用 pruneCache()函数，通过 matches 进行过滤，调整缓存的数据，保证黑名单和白名单内维护的缓存组件名正确。

```
watch(
    () => [props.include, props.exclude],
    ([include, exclude]) => {
        include && pruneCache(name => matches(include, name))
        exclude && pruneCache(name => !matches(exclude, name))
    },
    // prune post - render after `current` has been updated
    { flush: 'post', deep: true }
)
```

整个 watch 主要逻辑是处理缓存信息，以 include 为例，传入的 filter 函数是 name=>matches(include, name)，通过 matches 匹配成功的名称将缓存到 include 数组内并返回 true，若匹配失败则返回 false。

完成缓存判断后开始调整 cache 对象内保存的缓存数据，将子组件名称作为 key 传入 pruneCacheEntry()函数，查询是否有缓存。若没有缓存或缓存组件类型与同名的包裹组件类型不一致,则调用 unmount 对组件进行卸载;若有缓存,且类型一致,则调用 resetShapeFlag 缓存子组件,最后删除临时保存的缓存 key 和 keys。

onMounted()和 onUpdated()生命周期函数触发时均会传入 cacheSubtree()函数,通过该函数将最新的 subTree 缓存到 cache 内。

触发 onBeforeUnmount()生命周期函数后,会在 cache 内清理该组件,并触发 KeepAlive 特有的 deactivated 生命周期钩子函数,然后调用 unmount 完成组件卸载。具体代码实现如下:

```
onMounted(cacheSubtree)
onUpdated(cacheSubtree)
onBeforeUnmount(() => {
  cache.forEach(cached => {
    const { subTree, suspense } = instance
    const vnode = getInnerChild(subTree)
    if (cached.type === vnode.type) {
      // 重置 VNode 状态,标识已卸载
      resetShapeFlag(vnode)
      // 调用 deactivated 生命周期钩子函数
      const da = vnode.component!.da
      da && queuePostRenderEffect(da, suspense)
      return
    }
    unmount(cached)
  })
})
```

unmount 函数重置 shapeFlag 标识,以确保组件可以被正确卸载。如果当前实例在 include 数组内,则通过 resetShapeFlag()函数让其从活动状态变为不活动状态。

至此,整个 KeepAlive 内部实现逻辑和对应方法已介绍完毕,整个 KeepAlive 通过十分巧妙的方式进行 VNode 的缓存,保证组件正常缓存,并且不影响子组件的渲染。

8.4 slot

slot 又被称为插槽。通过插槽分发内容,根据传入的组件进行动态渲染。slot 分为匿名插槽和具名插槽,如果不指定 slot 的 name 属性,则默认是匿名插槽,在渲染时,会设置默认名称为 default。demo 实现如下:

```
<div>
  <slot></slot>
  <slot name="slot"></slot>
</div>
```

因为是模板语法,所以涉及将模板转换为 render 渲染函数的步骤,因此先查看该模板转换为 render 渲染函数后的逻辑。具体代码实现如下:

```
import {
  renderSlot as _renderSlot,
  openBlock as _openBlock,
  createElementBlock as _createElementBlock
} from "vue"
export function render(_ctx, _cache, $props, $setup, $data, $options) {
  return (_openBlock(), _createElementBlock("div", null, [
```

```
    _renderSlot(_ctx.$ slots, "default"),
    _renderSlot(_ctx.$ slots, "slot")
  ]))
}
```

由渲染函数可知，slot 使用 renderSlot()函数进行处理，该函数位于源码的 $ runtime-core-helpers_renderSlot.ts 文件内，renderSlot()函数可以传入 3 个属性和 1 个可选的回调函数，分别为 slot、name、props 和 fallback()。fallback()函数属于内部处理函数，不直接面向用户提供。

renderSlot()函数的核心流程是：取出传入的 slot 子节点，通过 createBlock()创建一个代码块并返回。具体代码实现如下：

```
export function renderSlot(
  slots: Slots,
  name: string,
  props: Data = {},
  fallback?: () => VNodeArrayChildren,
  noSlotted?: boolean
): VNode {
  if (currentRenderingInstance!.isCE) {
    return createVNode(
      'slot',
      name === 'default'? null : { name },
      fallback && fallback()
    )
  }
  let slot = slots[name]
  isRenderingCompiledSlot++
  if (slot && (slot as ContextualRenderFn)._c) {
    ;(slot as ContextualRenderFn)._d = false
  }
  openBlock()
  const validSlotContent = slot && ensureValidVNode(slot(props))
  // 创建一个 fragment
  const rendered = createBlock(
    Fragment,
    { key: props.key || `_$ {name}` },
    // 执行 slot 渲染函数获取子元素
    validSlotContent || (fallback ? fallback() : []),
    // 确定 fragment 的 patchFlag
    validSlotContent && (slots as RawSlots)._ === SlotFlags.STABLE
      ? PatchFlags.STABLE_FRAGMENT
      : PatchFlags.BAIL
  )
  if (!noSlotted && rendered.scopeId) {
    rendered.slotScopeIds = [rendered.scopeId + '-s']
  }
  if (slot && (slot as ContextualRenderFn)._c) {
    ;(slot as ContextualRenderFn)._d = true
  }
  return rendered
}
```

上述代码取出子元素的操作涉及 fallback()函数的调用，而前面提到的 fallback()函数并非面向用户使用，不是必需的函数，说明有其他地方默认传入该函数。接下来查看该函数的实现和调用逻辑。

在本节开头的 demo 中，直接调用的 slot 组件没有对应的子元素，fallback()函数为空。对前面的 demo 进行简单的改造，代码实现如下：

```
<div>
  <slot></slot>
  <slot name="slot">
    <span>{{ content }}</span>
  </slot>
</div>
```

添加 span 标签后整个渲染函数的变化如下：

```
export function render(_ctx, _cache, $props, $setup, $data, $options) {
  return (_openBlock(), _createElementBlock("div", null, [
    _renderSlot(_ctx.$slots, "default"),
    _renderSlot(_ctx.$slots, "slot", {}, () => [
      _createElementVNode("span", null, _toDisplayString(_ctx.content), 1 /* TEXT */)
    ])
  ]))
}
```

在上述渲染函数中，第四个参数的位置传入一个数组，里面存放的是创建 span 标签的渲染函数。对于直接包裹在标签元素内部的 slot，将多个子元素合并为一个块元素，调用_renderSlot()函数创建出 VNode 后再返回。

假如在自定义组件内部使用 slot，会有新的处理逻辑。对同样的 demo 进行简单的改造，再查看其渲染函数，具体如下：

```
<a-component>
  <slot></slot>
  <slot name="slot">
    <span>{{ content }}</span>
  </slot>
</a-component>
```

将 slot 包裹在自定义组件内，render 渲染函数的变化如下：

```
export function render(_ctx, _cache, $props, $setup, $data, $options) {
  const _component_a_component = _resolveComponent("a-component")
  return (_openBlock(), _createBlock(_component_a_component, null, {
    default: _withCtx(() => [
      _renderSlot(_ctx.$slots, "default"),
      _renderSlot(_ctx.$slots, "slot", {}, () => [
        _createElementVNode("span", null, _toDisplayString(_ctx.content), 1 /* TEXT */)
      ])
    ], undefined, true),
    _: 3 /* FORWARDED */
  }))
}
```

从代码内的加粗部分可以看出，如果 slot 通过自定义组件包裹，则会在原有代码逻辑上新增加_withCtx()函数。接下来查看该函数内部的实现原理，以及为何需要在外层添加该函数。

withCtx()函数定义在 $runtime-core_componentRenderContext.ts 文件内，withCtx()函数实现对 slot 的上下文切换，使其在执行渲染逻辑时，将组件渲染和 slot 渲染进行分离，避免互相干扰。具体代码实现如下：

```
export function withCtx(
  fn: Function,
  ctx: ComponentInternalInstance | null = currentRenderingInstance,
  isNonScopedSlot?: boolean // __COMPAT__ only
) {
  // 父组件渲染函数
  if (!ctx) return fn
  if ((fn as ContextualRenderFn)._n) {
    return fn
  }
  const renderFnWithContext: ContextualRenderFn = (...args: any[]) => {
    // 需要一个空块来避免扰乱子代码块跟踪,非首次渲染的时候则不需要,此处需判断
    // 因此在渲染的时候需要 isRenderingCompiledSlot++,
    // 在完成后再执行 isRenderingCompiledSlot--,
    if (renderFnWithContext._d) {
      setBlockTracking(-1)
    }
    // 设置渲染上下文为插槽
    const prevInstance = setCurrentRenderingInstance(ctx)
    // 执行渲染函数
    const res = fn(...args)
    // 执行完成后重新设置渲染上下文为插槽
    setCurrentRenderingInstance(prevInstance)
    if (renderFnWithContext._d) {
      setBlockTracking(1)
    }
    return res
  }
  renderFnWithContext._n = true
  renderFnWithContext._c = true
  renderFnWithContext._d = true
  return renderFnWithContext
}
```

withCtx()函数内部主要将插槽组件的渲染和父组件分离，在执行插槽渲染函数时将渲染上下文设置为父组件，执行完毕后重新设置成插槽组件的上下文，以便于正确地进行依赖收集。

接下来查看 slot 的 SlotFlags 标识情况，以便于后续理解 slot 作用域插槽，这也是 Vue3 新增的优化之一。通过该标记可以帮助优化 slot 插槽的渲染，将插槽渲染和父组件渲染进行分离，在父组件的更新中选择性地跳过插槽函数更新。SlotFlags 一共有 3 种枚举状态，涉及代码如下：

```
export const enum SlotFlags {
  // 父组件更新,插槽组件不必强制更新
  STABLE = 1,
// 父组件更新时,插槽组件需强制更新,例如,v-for、v-if 等动态插槽.依赖父组件的状态, 会更改插
// 槽位置
  DYNAMIC = 2,
// 插槽透传,插槽组件的插槽来自父组件转发外部插槽
  FORWARDED = 3,
}
```

由上述枚举值可知，renderSlot()函数根据 SlotFlags 判断 PatchFlags 的类型，从而决定 Fragment 代码块的 PatchFlags。

在渲染 slot 的时候，会调用 createBlock()函数，该函数内部主要调用 createVNode()函数。如前所述，createVNode()函数在创建 VNode 的时候，将会对 props 和 children 进行标准初始化，在渲染 slot 的时候也会调用 normalizeChildren()函数进行该初始化操作。

使用 normalizeChildren()函数进行标准化的过程其实就是根据子节点的类型进行不同的 Flag 标记，以便于后续子节点在渲染时，根据 Flag 标记进行分发处理，从而达到优化的目的。

当子节点是 Object 对象类型时，代表子节点有 slot，需要进一步判断子节点是否为元素或者 teleport 类型，若是，则会将插槽设置为普通元素或 teleport 组件的普通子元素，如果子元素还有 slot，则会递归调用 normalizeChildren()函数进行处理。具体代码实现如下：

```
if (typeof children === 'object') {
  // 如果是元素或者 teleport 类型
  if (shapeFlag & (ShapeFlags.ELEMENT | ShapeFlags.TELEPORT)) {
    // 将插槽设置为普通元素或 teleport 组件的普通子元素
    const slot = (children as any).default
    if (slot) {
      // _c 标记由 withCtx()添加,表明这是一个编译后的插槽
      slot._c && (slot._d = false)
      normalizeChildren(vnode, slot())
      slot._c && (slot._d = true)
    }
    return
  } else {
    ...
  }
}
```

上述代码针对 element 和 teleport 类型进行处理，当 slot 编译后，将设置 slot._d 的值为 false，避免干扰父组件的依赖收集。

若不是，即子组件是非元素和 teleport 类型时，则认为是 slot 节点，根据 slot 的类型，标记当前 slot 子元素的 slotFlags 类型。具体代码实现如下：

```
else {
  // 子组件的子组件仍是插槽
  type = ShapeFlags.SLOTS_CHILDREN
  const slotFlag = (children as RawSlots)._
  if (!slotFlag && !(InternalObjectKey in children!)) {
    // 如果不是标准 slot,则保存当前插槽的父组件上下文
    ;(children as RawSlots)._ctx = currentRenderingInstance
  } else if (slotFlag === SlotFlags.FORWARDED && currentRenderingInstance) {
    // 子组件从父组件接收转发的插槽,它的插槽类型由其父插槽类型决定
    if (
      (currentRenderingInstance.slots as RawSlots)._ === SlotFlags.STABLE
    ) {
      // 如果非上述情况,则父组件更新,插槽组件不必强制更新
      ;(children as RawSlots)._ = SlotFlags.STABLE
    } else {
      // 设置当前插槽组件标识
      ;(children as RawSlots)._ = SlotFlags.DYNAMIC
      vnode.patchFlag |= PatchFlags.DYNAMIC_SLOTS
    }
  }
}
```

完成标准化后，在渲染过程中才能识别出 slot 的类型，并基于该类型确认渲染的 Fragment 类型。

完成组件的标准化流程后，进入 patch 渲染流程，执行 setup 函数时，会对 slot 进行初始化，slot 的初始化发生在组件实例化之后，调用 setup 之前。

setupComponent 函数的代码实现如下：

```
export function setupComponent(
  instance: ComponentInternalInstance,
  isSSR = false
) {
  isInSSRComponentSetup = isSSR
  const { props, children } = instance.vnode
  const isStateful = isStatefulComponent(instance)
  initProps(instance, props, isStateful, isSSR)
  initSlots(instance, children)
  const setupResult = isStateful
    ? setupStatefulComponent(instance, isSSR)
    : undefined
  isInSSRComponentSetup = false
  return setupResult
}
export function isStatefulComponent(instance: ComponentInternalInstance) {
  return instance.vnode.shapeFlag & ShapeFlags.STATEFUL_COMPONENT
}
```

在执行 setup 前调用 initSlots 函数并且传入当前上下文和子节点进行 slot 和 props 的初始化。initSlots()函数内部实际上也是一个分发函数，根据当前上下文是否有 ShapeFlags.SLOTS_CHILDREN 标记判断是否已经标准化，若是，则调用 normalizeObjectSlots()函数处理；若不是，则进行标准化处理。具体代码实现如下：

```
export const initSlots = (
  instance: ComponentInternalInstance,
  children: VNodeNormalizedChildren
) => {
  // 已进行 slot 标准化
  if (instance.vnode.shapeFlag & ShapeFlags.SLOTS_CHILDREN) {
    const type = (children as RawSlots)._
    //将代码内变量名赋值为 children
    if (type) {
      instance.slots = toRaw(children as InternalSlots)
      // 标记为不可枚举
      def(children as InternalSlots, '_', type)
    } else {
      normalizeObjectSlots(
        children as RawSlots,
        (instance.slots = {}),
        instance
      )
    }
  } else {
    // 开始标准化
    instance.slots = {}
    if (children) {
      normalizeVNodeSlots(instance, children)
    }
  }
  // 标记为标准的 slot
  def(instance.slots, InternalObjectKey, 1)
}
```

若已有 slotFlag 插槽信息，则标识已通过标准化，直接赋值给当前上下文 slot；若没有，则需要通过 normalizeObjectSlots()函数进行标准化处理，最后标记为初始化完成的 slot。

normalizeObjectSlots()函数内部直接遍历对象 key 值，排除系统预设 key，如果对象属性保存的值是函数，则采用 withCtx()函数处理；如果不是，则将其转换为函数插槽。整个函数核心逻辑是将非函数插槽转换为函数插槽，与上文组件内 withCtx 包裹数组的用法一致，转换为上述 render 渲染函数能够处理的标准写法。具体代码实现如下：

```
const normalizeObjectSlots = (
  rawSlots: RawSlots,
  slots: InternalSlots,
  instance: ComponentInternalInstance
) => {
  const ctx = rawSlots._ctx
  for (const key in rawSlots) {
    if (isInternalKey(key)) continue
    const value = rawSlots[key]
    if (isFunction(value)) {
      slots[key] = normalizeSlot(key, value, ctx)
    } else if (value != null) {
      const normalized = normalizeSlotValue(value)
      slots[key] = () => normalized
    }
  }
}
// 通过 withCtx 包裹
const normalizeSlot = (
  key: string,
  rawSlot: Function,
  ctx: ComponentInternalInstance | null | undefined
): Slot =>{
  const normalized = withCtx((...args: any[]) => {
    // 标准化插槽返回值 --> 数组型的 children
    return normalizeSlotValue(rawSlot(...args))
  }, ctx) as Slot
  ;(normalized as ContextualRenderFn)._c = false
  return normalized
}
// 转换为新数组
const normalizeSlotValue = (value: unknown): VNode[] =>
isArray(value)
  ? value.map(normalizeVNode)
  : [normalizeVNode(value as VNodeChild)]
```

如果没有标记，则通过 normalizeVNodeSlots 进行标准化，将 children 标准化成一个返回值为数组的函数，并赋值给 default 插槽。具体代码实现如下：

```
const normalizeVNodeSlots = (
  instance: ComponentInternalInstance,
  children: VNodeNormalizedChildren
) => {
  const normalized = normalizeSlotValue(children)
  instance.slots.default = () => normalized
}
```

slot 初始化后执行 patch 流程，完成 slot 组件的渲染。完成渲染后，涉及更新和卸载等。涉及组件更新时，调用 updateComponentPreRender()函数进行 slot 和 props 更新，slot 更新时传入当前上下文和即将更新 VNode 的子节点，调用 updateSlots(instance, nextVNode.children)函数进行更新。

updateSlots()函数中 needDeletionCheck 属性的作用是判断是否需要更新 slot，deletionComparisonTarget 属性的作用是对比当前的 slot 保存的子节点和新的子节点是否一致。updateSlots 函数首先会判断是否为编译或初始化的 slot。如果是，则进一步判断 slotFlag 的类型，以决定 slot 是否需要跟随父组件同步更新；如果不是标准的 slot，则进行插槽的规范化，最后对最新的 slot 元素和当前节点的 slot 元素进行对比，若不一致则删除旧的元素。具体代码实现如下：

```
export const updateSlots = (
  instance: ComponentInternalInstance,
  children: VNodeNormalizedChildren,
  optimized: boolean
) => {
  const { vnode, slots } = instance
  let needDeletionCheck = true
  let deletionComparisonTarget = EMPTY_OBJ
  if (vnode.shapeFlag & ShapeFlags.SLOTS_CHILDREN) {
    // 进行初始化
    ...
  } else if (children) {
    // 没有插槽对象作为 children 而是直接注入 children 到组件中
    // 将其规范化为 default 插槽位
    normalizeVNodeSlots(instance, children)
    // 除了 default 其他的插槽位全部删除
    deletionComparisonTarget = { default: 1 }
  }
  // 删除过期的插槽
  if (needDeletionCheck) {
    for (const key in slots) {
      // 不在新的插槽中直接删除
      if (!isInternalKey(key) && !(key in deletionComparisonTarget)) {
        delete slots[key]
      }
    }
  }
}
```

得益于对 slot 组件的初始化和标准化，使得更新逻辑能够判断 slot 是否需要跟随父组件的更新而更新，以达到减少不必要更新的目的。

更新时，若判断是进行过编译的 slot，则判断是否为 stable 类型，如果是该类型，则属于稳定插槽，不用更新。具体涉及以下几种情况：

（1）是编译插槽，但父节点是 HMR，则强制更新 slot；

（2）如果 slot 标记为 STABLE 表示与父组件分离，处于稳定状态无须更新；

（3）经过编译，但是是动态插槽，不用规范化，但是需要合并更新；

（4）非编译插槽，直接进行规范化。

上述判断流程完成后，即可找出哪些情况下插槽需要更新。具体代码实现如下：

```
if (vnode.shapeFlag & ShapeFlags.SLOTS_CHILDREN) {
  const type = (children as RawSlots)._
  if (type) {
    // 编译的插槽
```

```
      if (__DEV__ && isHmrUpdating) {
        // 父节点是 HMR,则节点内容可能会改变,强制更新代码内变量名也标记为 HMR 实例
        extend(slots, children as Slots)
      } else if (optimized && type === SlotFlags.STABLE) {
        // 稳定的插槽不需要更新
        needDeletionCheck = false
      } else {
        // 经过编译,但是动态插槽,可以跳过规范化,但是不能跳过合并
        extend(slots, children as Slots)
      }
    } else {
      // 稳定的插槽不会进行更改,不需要删除
      needDeletionCheck = !(children as RawSlots).$ stable
      // 规范化插槽
      normalizeObjectSlots(children as RawSlots, slots, instance)
    }
    // 保存新的插槽信息
    deletionComparisonTarget = children as RawSlots
  }
```

通过本节的学习,可以对 slot 的工作原理有更加清晰的认识,帮助理解 slot 的组件特性、生命周期和工作模式。

8.5 props

props 属性用于父子组件的传参使用,通过对 props 的介绍,可以了解到父子组件传参的内部实现逻辑,包括参数的校验逻辑、默认值处理和父子组件通信等。本节将对 props 的初始化、标准化和更新流程进行介绍。

父组件向子组件传参时使用 props 属性,具体 demo 如下:

```
<child-com :title="父子组件传参" @updateIndex="childUpdateHandle"></child-com>
```

下面以该 demo 为例介绍 props 的内容。上述 demo 传入参数包括:title 属性值和父组件的 childUpdateHandle()函数。父组件内容传递完成后,子组件需要获取对应参数信息。具体代码实现如下:

```
<script>
export default {
  name: "childCom",
  props: {
    title: String,          // 直接判断传入参数类型
    title: {                // 判断参数类型并设置默认值
      type: String,
      default: 'hello vue3'
    }
  },
};
</script>
```

在子组件内,可以通过 props 对象获取到传递的参数。@updateIndex="childUpdateHandle"的逻辑与对象的处理逻辑基本一致。此处获取到 props 对象的属性后,可以直接插入 template,也可以作为子组件内部变量的默认值等。通过 props 传递的属性,有如下特点:

(1) 父组件的值改变后会同步更新子组件的值,是响应式数据;

（2）数据单向流动。

根据 props 传参的特点和写法，下面开始 props 内部原理的介绍。组件实例创建后调用 initProps()函数触发 props 初始化。在 setupComponent()函数内，props 与 slot 一起初始化完成后，再执行 setup 函数。具体代码实现如下：

```
export function setupComponent(
  instance: ComponentInternalInstance,
  isSSR = false
) {
  isInSSRComponentSetup = isSSR;
  const { props, children, shapeFlag } = instance.vnode;
  const isStateful = shapeFlag & ShapeFlags.STATEFUL_COMPONENT;
  // 初始化 props
  initProps(instance, props, isStateful, isSSR);
  initSlots(instance, children);
  // 执行 setup
  const setupResult = isStateful
    ? setupStatefulComponent(instance, isSSR)
    : undefined;
  isInSSRComponentSetup = false;
  return setupResult;
}
```

上述代码在初始化 props 时直接调用 initProps 函数，内部通过 setFullProps()函数分离出 props 和 attrs。声明过的参数传递被认为是 props，未被声明过的参数传递被认为是 attrs。在父组件向子组件传参的 demo 中，title 被认为是 props，updateIndex 被认为是 attrs。

使用 setFullProps()函数对 props 和 attrs 处理后，判断是否为带状态组件。如果是带状态组件，且不是 SSR 的情况下，则通过 shallowReactive()函数对 props 进行浅层的依赖收集。如果不是带状态组件，并且传入的不是 props 参数，则将 attrs 当作 props；如果传入的是 props 参数，则将 props 赋值给当前实例的 props 属性进行缓存，最后将 attrs 赋值给当前实例，完成初始化。具体代码实现如下：

```
export function initProps(
  instance: ComponentInternalInstance, // 上下文实例
  rawProps: Data | null, // 传递的组件 props
  isStateful: number, // 是否为带状态
  isSSR = false
) {
  // 声明过的属于 props
  const props: Data = {};
  // 未声明过的属于 attrs
  const attrs: Data = {};
  // 标识内部对象
  def(attrs, InternalObjectKey, 1);
  // 创建一个控对象保存 props 的默认值
  instance.propsDefaults = Object.create(null)
  // 设置 props 和 attrs
  setFullProps(instance, rawProps, props, attrs);
  // 确保所有的 key 均有值
  for (const key in instance.propsOptions[0]) {
    if (!(key in props)) {
      props[key] = undefined
    }
  }
```

```
  // 在开发环境下进行 props 的校验
  if (__DEV__) {
    validateProps(rawProps || {}, props, instance);
  }
  // 带状态的组件
  if (isStateful) {
    instance.props = isSSR ? props : shallowReactive(props);
  } else {
    if (!instance.type.props) {
      // 将 attrs 当作 props
      instance.props = attrs;
    } else {
      // 如果是 props,则直接缓存
      instance.props = props;
    }
  }
  // 缓存 attrs
  instance.attrs = attrs;
}
```

由上述代码可知,initProps()函数内部主要针对 props 和 attrs 处理,缓存到当前上下文内,完成初始化。

setFullProps()函数主要处理 rawProps 和 needCastKeys 的情况。如果有 rawProps,则证明有 props 传递进来,对 props 和 attrs 进行分离。遍历当前对象,将传递进来的属性名称转换为小驼峰形式后,判断是否在 options 内有对应属性名称,若有,则保存到 props 数组内;若没有,则保存到 attrs 数组内。

注:options 内会保存子组件声明的 props 对象。

setFullProps 函数代码实现如下:

```
function setFullProps(
  instance: ComponentInternalInstance,
  rawProps: Data | null, // 传递的 rawProps
  props: Data, // 处理后保存 props 的数组
  attrs: Data // 处理后保存 attrs 的数组
) {
  // 解析出 options 参数和需要转换的 key
  const [options, needCastKeys] = instance.propsOptions
  let hasAttrsChanged = false
  let rawCastValues: Data | undefined
  // 如果有 props 属性
  if (rawProps) {
    // 遍历当前对象
    for (let key in rawProps) {
      // 已经是 ref 类型的 key,说明已经保存直接跳过
      if (isReservedProp(key)) {
        continue
      }
      // 获取当前对象值
      const value = rawProps[key]
      // 判断 options 内是否有转换后的 key,如果有则赋值
      let camelKey
      if (options && hasOwn(options, (camelKey = camelize(key)))) {
        if (!needCastKeys || !needCastKeys.includes(camelKey)) {
          props[camelKey] = value
        } else {
```

```
        ;(rawCastValues || (rawCastValues = {}))[camelKey] = value
      }
    } else if (!isEmitListener(instance.emitsOptions, key)) {
      // 任何没有被声明的 props 都被放置到 attrs,确保保留原来的 key
      if (!(key in attrs) || value !== attrs[key]) {
        attrs[key] = value
        hasAttrsChanged = true
      }
    }
  }
}
// needCastKey 处理
...
}
```

完成 props 分离后,处理需要赋默认值和强制转换 Boolean 值类型的情况。使用 for 循环遍历 needCastKey 数组,通过 resolvePropValue()函数进行处理。具体代码实现如下:

```
// 需要处理默认值和强制转换为 Boolean 型
if (needCastKeys) {
const rawCurrentProps = toRaw(props)
const castValues = rawCastValues || EMPTY_OBJ
for (let i = 0; i < needCastKeys.length; i++) {
  const key = needCastKeys[i]
  // 通过 resolvePropValue 对 props 值进行处理
  props[key] = resolvePropValue(
    options!,
    rawCurrentProps,
    key,
    castValues[key],
    instance,
    !hasOwn(castValues, key)
  )
}
```

接下来对 options 和 needCastKeys 的处理逻辑进行简单的介绍,代码实现如下:

```
// 解析出 options 参数和需要转换的 key
const [options, needCastKeys] = instance.propsOptions
```

创建 instance 对象的时候,将会调用 normalizePropsOptions()函数对 propsOptions 进行处理,instance 对象的创建位于 $runtime-core_component.ts 文件内。具体代码实现如下:

```
const instance: ComponentInternalInstance = {
  ...
  // resolved props and emits options
  propsOptions: normalizePropsOptions(type, appContext),
  emitsOptions: normalizeEmitsOptions(type, appContext),
  ...
}
```

上述代码对 propsOptions 和 emitsOptions 进行处理,继续查看 normalizePropsOptions()函数实现,发现该函数位于 props 初始化(componentProps)文件内,内部实现了 props 配置和对 key 命名的规范化,也对 mixin、extend 等情况进行处理。格式化完成后,缓存规范后的 props 配置。因此直接调用 instance.propsOptions 可以解析出 options 和 needCastKeys。

resolvePropValue()函数主要处理默认值和强制转换,接下来简单分析该函数的实现过程:

(1) 判断当前属性是否有值,若没有,则取出传入的默认值进行赋值,完成默认值的处理;

(2) 强制转换为 Boolean 值,判断当前属性值的情况,返回 true 或 false。

通过该逻辑,查看其内部处理流程。当传入的 props 不为空的时候,开始默认值判断。具体代码实现如下:

```
function resolvePropValue(
  options: NormalizedProps,
  props: Data,
  key: string,
  value: unknown,
  instance: ComponentInternalInstance,
  isAbsent: boolean
) {
  // 得到对应属性值
  const opt = options[key]
  if (opt != null) {
    // 判断是否有 default 属性
    const hasDefault = hasOwn(opt, 'default')
    // 如果有 default 且值为空,则赋予默认值
    if (hasDefault && value === undefined) {
      const defaultValue = opt.default
      // 处理默认值是函数场景
      if (opt.type !== Function && isFunction(defaultValue)) {
        const { propsDefaults } = instance
        if (key in propsDefaults) {
          value = propsDefaults[key]
        } else {
          // 在执行函数时,需将上下文切换为当前实例,避免出现上下文错误
          setCurrentInstance(instance)
          value = propsDefaults[key] = defaultValue.call(
            __COMPAT__ &&
              isCompatEnabled(DeprecationTypes.PROPS_DEFAULT_THIS, instance)
              ? createPropsDefaultThis(instance, props, key)
              : null,
            props
          )
          unsetCurrentInstance()
        }
      } else {
        value = defaultValue
      }
    }
    // 判断是否需要强制转换为 Boolean 值
    ...
    }
  }
  return value
}
```

在上述默认值处理逻辑中,若默认值是字符串,则直接赋值;若默认值是函数,则使用该函数对传入值进行处理,保证默认值是函数时能正常赋值。完成该步骤后执行强制转换为 Boolean 类型的逻辑。在 key 未设置默认值时,手动将其设置为 false。

注意,如果 props 同时设置了 Boolean 和 String 的类型限制,且 Boolean 在 String 之前,那么此时传递空字符串给 props,按优先级需要将 props 处理为 true。针对该特殊情况也进行

了处理。具体代码实现如下：

```
// 判断是否需要强制转换为 Boolean 值
if (opt[BooleanFlags.shouldCast]) {
  // 如果有 key 并且没有默认值,则手动设置为 false
  if (isAbsent && !hasDefault) {
    value = false
  } else if (
    // 如果 props 同时设置了 Boolean 和 String 的类型限制
    // 且 Boolean 出现在 String 之前
    // 那么此时传递空字符串给 props,按优先级别处理需要将 props 处理为 true
    opt[BooleanFlags.shouldCastTrue] &&
    (value === '' || value === hyphenate(key))
  ) {
    value = true
  }
}
```

完成该判断逻辑后，返回处理完成后的值，完成 props 值的初始化处理。

props 的更新发生在组件重新渲染前。与初始化相同，只有先将数据处理完成后，才能执行渲染操作，从而避免出现更新失败的情况。渲染前的更新发生在 renderer.ts 文件的 updateComponentPreRender()函数内，该函数内部调用 updateProps()函数得到新的 props，执行一遍与初始化类似的逻辑，设置相关值。updateProps()函数涉及流程如下：

（1）如果是编译器优化情况，仅需比对动态的 props；

（2）全量更新。

如果想直接动态对比 props，需要十分严苛的条件限制。只有在非开发环境下，patchFlags 标识为 PROPS，才能进行动态比对。其余情况下均需要执行全量更新。

在动态对比情况下，取出 dynamicProps，通过 for 循环进行值设置，如果有标准化后的 options，则进一步判断 attrs 和设置 props 值；如果没有标准化后的 options，则认为是 attrs 属性，直接赋值。内部直接通过 resolvePropValue()函数对值进行设置。

```
if (patchFlag & PatchFlags.PROPS) {
  // dynamicProps 值
  const propsToUpdate = instance.vnode.dynamicProps!
  for (let i = 0; i < propsToUpdate.length; i++) {
    const key = propsToUpdate[i]
    // !标志保证 rawProps 是非空的
    const value = rawProps![key]
    if (options) {
      // init 时已经对 attrs 和 props 分离,直接判断即可
      if (hasOwn(attrs, key)) {
        if (value !== attrs[key]) {
          attrs[key] = value
          hasAttrsChanged = true
        }
      } else {
        const camelizedKey = camelize(key)
        props[camelizedKey] = resolvePropValue(
          options,
          rawCurrentProps,
          camelizedKey,
          value,
          instance,
          false /* isAbsent */
```

```
            )
          }
      } else {
            if (value !== attrs[key]) {
               attrs[key] = value
               hasAttrsChanged = true
            }
         }
      }
   }
```

动态 props 的处理完成后，查看全量更新的逻辑。

全量更新首先通过 setFullProps()函数处理 props 值，然后遍历 rawCurrentProps 源数据，使用 rawCurrentProps 的 key 与 rawProps 的 key 比较，判断是否需要进一步执行处理。如果在 rawProps 内找到该值，则跳过处理。

若没有该值，则继续判断是否有 options 属性，如果没有，则删除 props 对应的 key 属性；如果有，则使用 resolvePropValue()函数对属性值进行转换，完成后赋值给 props 对应的 key。

完成 for 循环遍历后，判断当前 props 的源数据是否与 attrs 源数据相同。若不相同，则代表子组件没有定义 props 对象，此时 props 和 attrs 指向同一个对象，直接遍历 attrs 对象。如果新的 rawProps 对象内没有 attrs 对象的对应值，则需要在 attrs 对象内执行删除 key 操作。完成该操作后整个更新过程中对数据的处理结束，代码实现如下：

```
// 全量更新
if (setFullProps(instance, rawProps, props, attrs)) {
  hasAttrsChanged = true
}
// 对于动态 props,检查 keys 是否需要从 props 对象内去掉
let kebabKey: string
for (const key in rawCurrentProps) {
  // 判断 rawProps 不存在,则需要清理
  if (
    !rawProps ||
    (!hasOwn(rawProps, key) &&
      // 传递的 props 可能以短横线命名,需要转换为驼峰式命名
      ((kebabKey = hyphenate(key)) === key || !hasOwn(rawProps, kebabKey)))
  ) {
    //在新 props 中不存在,但存在于旧 rawProps 的 props
    if (options) {
      if (
        rawPrevProps &&
        // for camelCase
        (rawPrevProps[key] !== undefined ||
          // for kebab-case
          rawPrevProps[kebabKey!] !== undefined)
      ) {
        // 存在于旧 rawProps 中,且不为 undefined 的 prop 设置为 undefined
        props[key] = resolvePropValue(
          options,
          rawCurrentProps,
          key,
          undefined,
          instance,
          true /* isAbsent */
        )
```

```
      }
    } else {
      // 直接删除
      delete props[key]
    }
  }
}
// 在没有 props 声明的功能组件的情况下,props 和 attrs 指向同一个对象,所以它应该已经被更新了
if (attrs !== rawCurrentProps) {
  for (const key in attrs) {
    if (!rawProps || !hasOwn(rawProps, key)) {
      delete attrs[key]
    }
  }
}
```

完成数据处理后,调用 trigger 方法,触发 $ attrs 更新,以便在组件插槽中使用,完成整个数据的更新,涉及代码如下:

```
trigger(instance, TriggerOpTypes.SET, '$ attrs')
```

完成该步骤后,整个 props 数据的更新完成,通过 props 生命周期的学习,可以看出在 props 简单传参的背后处理逻辑,通过一系列的响应式数据和值处理,简化用户的操作,将 props 封装为对象,赋予默认值,强制转换等逻辑。

8.6 defineAsyncComponent

在大型工程应用中,为了避免一次加载全部文件,增加用户等待时间,影响用户体验度,需要对工程进行拆分,以懒加载的方式优化。

Vue2 中在引入组件文件时,通过 import 返回 promise 的方式进行懒加载,该方法需要结合 webpack 打包工具实现,也需要在书写路由组件时,按照()=> import()的方式返回数据。Vue3 中提供了 defineAsyncComponent API,解决了异步组件的加载问题。

defineAsyncComponent API 的作用是创建一个只有在需要时才会加载的异步组件。通常情况下,defineAsyncComponent 可以接收一个返回 Promise 的工厂函数。服务器端返回组件定义后,Promise 的 resolve 被调用,也可以调用 reject(reason)来表示加载失败。当使用局部注册时,提供一个返回 Promise 的函数。对于有特殊要求的场景,也可以接收一个对象,设置延迟加载时间、超时时间、指定加载组件地址和错误回调函数等。引用官方示例如下:

```
import { defineAsyncComponent } from 'vue'
const AsyncComp = defineAsyncComponent({
  // 工厂函数
  loader: () => import('./Foo.vue')
  // 加载异步组件时要使用的组件
  loadingComponent: LoadingComponent,
  // 加载失败时要使用的组件
  errorComponent: ErrorComponent,
  // 在显示 loadingComponent 之前的延迟 | 默认值:200(单位 ms)
  delay: 200,
  // 如果提供了 timeout,并且加载组件的时间超过了设定值,则显示错误组件
  // 默认值:Infinity(即永不超时,单位 ms)
  timeout: 3000,
  // 定义组件是否可挂起 | 默认值:true
```

```
    suspensible: false,
    /**
     * @param {*} error 错误信息对象
     * @param {*} retry 一个函数,用于指示当 promise 加载器 reject 时,加载器是否应该重试
     * @param {*} fail 一个函数,指示加载程序结束退出
     * @param {*} attempts 允许的最大重试次数
     */
    onError(error, retry, fail, attempts) {
      if (error.message.match(/fetch/) && attempts <= 3) {
        // 请求发生错误时重试,最多可尝试 3 次
        retry()
      } else {
        // 注意,retry/fail 就像 promise 的 resolve/reject 一样:
        // 必须调用其中一个才能继续错误处理
        fail()
      }
    }
  })
```

defineAsyncComponent()函数位于 $ runtime-core_apiAsyncComponent.ts 文件内,通过 interface 可以查看到,该函数可传入的参数基本在上述案例中已有备注,整个 API 的 interface 定义如下:

```
export interface AsyncComponentOptions<T = any> {
  loader: AsyncComponentLoader<T>  // 工厂函数
  loadingComponent?: Component     // 加载异步组件时要使用的组件
  errorComponent?: Component       // 加载失败时要使用的组件
  delay?: number                   // 在显示 loadingComponent 之前的延迟 | 默认值:200(单位 ms)
  timeout?: number                 // 若提供了 timeout,且加载组件时间超过设定值,将显示错误组件
  suspensible?: Boolean            // 定义组件是否可挂起 | 默认值:true
  onError?: (                      // 错误处理回调
    error: Error,                  // 错误回调
    retry: () => void,             // 重试
    fail: () => void,              // 失败
    attempts: number               // 重试次数
  ) => any
}
```

defineAsyncComponent()函数内部主要处理对应参数逻辑,完成后构造成新的对象传入 defineComponent()函数内,代码实现如下:

```
export function defineAsyncComponent<
  T extends Component = { new (): ComponentPublicInstance }
>(source: AsyncComponentLoader<T> | AsyncComponentOptions<T>): T {
  ... //处理参数和对应方法
  return defineComponent({
    // 传入对应参数到 defineComponent
    name: 'AsyncComponentWrapper',
    __asyncLoader: load,
    get __asyncResolved() {
      return resolvedComp
    },

    setup() {
      ... // 异步组件创建
    }
  }) as T
}
```

source 参数传递进来后会判断是否为函数，如果不是则对象化，使其成为一个使用默认参数的对象。具体代码实现如下：

```
export function defineAsyncComponent<
  T extends Component = { new (): ComponentPublicInstance }
>(source: AsyncComponentLoader<T> | AsyncComponentOptions<T>): T {
  if (isFunction(source)) {
    source = { loader: source }
  }
  // 解构赋值
  const {
    loader,
    loadingComponent: loadingComponent,
    errorComponent: errorComponent,
    delay = 200,
    timeout, // undefined = never times out
    suspensible = true,
    onError: userOnError
  } = source
  ... //创建 load 组件
  ... //defineComponent 的内容
}
```

参数对象化后，对可传入参数进行解构赋值，以便后续在函数内使用。解构赋值完成后，开始初始化内部对象属性，当 Promise 函数处于 reject 状态时，根据 retries 属性判断是否应该重试，若需要重试，则调用 retry 函数，清空当前进行中的异步组件 Promise 函数缓存，完成后调用 load()函数进行重试。retry 函数的代码实现如下：

```
let retries = 0
const retry = () => {
  retries++
  pendingRequest = null
  return load()
}
```

load()函数作为传入工厂函数的处理函数，内部首先会定义一个变量，用于保存本次 load()函数调用的异步工厂组件的 Promise 函数，并且会判断是否存在正在进行的异步组件请求(pendingRequest)。若存在，则直接返回；若不存在，则设置 pendingRequest 和本次 load 调用的 Promise 函数(thisRequest)指向当前的异步工厂函数。通过.catch()捕获执行过程中遇到的问题。具体代码实现如下：

```
const load = (): Promise<ConcreteComponent> => {
  let thisRequest: Promise<ConcreteComponent>
  return (
    pendingRequest ||
    (thisRequest = pendingRequest = loader()
      .catch(err => {
        ... // 捕获到错误后的处理逻辑
      })
      .then((comp: any) => {
        ...// 正常返回处理逻辑
      }))
  )
}
```

若内部捕获到错误后，会创建一个错误消息。若有用户传入的错误捕获函数，则返回一个

Promise,触发用户自定义的错误捕获回调函数,返回的信息包括错误信息、retry 回调、错误回调和重试次数。若没有用户自定义错误捕获回调函数,则直接抛出错误。具体代码实现如下：

```
err = err instanceof Error ? err : new Error(String(err))
if (userOnError) {
  return new Promise((resolve, reject) => {
    const userRetry = () => resolve(retry())
    const userFail = () => reject(err)
    userOnError(err, userRetry, userFail, retries + 1)
  })
} else {
  throw err
}
```

错误处理完成后,若无问题则开始处理正常返回逻辑。内部判断当前执行的 Promise 是否为本次调用的 Promise 函数,若不是且有 pendingRequest,则直接返回正在进行的异步组件请求。接下来解析 esm 格式引入的组件。esm 格式(import 引用语法)访问暴露信息需要设置.default 才能获取,因此需要兼容处理。完成 esm 组件兼容处理后检查是否为对象或函数,若不是,则在开发环境报错。完成调用处理后,缓存当前信息保存到 resolvedComp,返回解析完成的内容。具体代码实现如下：

```
if (thisRequest !== pendingRequest && pendingRequest) {
  return pendingRequest
}
// interop module default
if (
  comp &&
  (comp.__esModule || comp[Symbol.toStringTag] === 'Module')
) {
  comp = comp.default
}
resolvedComp = comp
return comp
```

注：在 8.6 节开头的官方示例中,defineAsyncComponent()函数要求导入基于 Promise 的工厂函数,导入的组件为何可以通过.catch()和.then()处理？根据 import()函数使用说明可知,import()函数也可以支持 await,async…await 将会返回 Promise,因此可以用 Promise 的写法捕获错误和完成正常的逻辑处理。

该步骤完成后,将调用 defineComponent()函数。load()函数会以参数的形式传给 defineComponent()函数,保存在 setup 对象的__asyncLoader 对象下,该对象是异步组件包装器的标记。defineComponent()函数可以省略需要的类型定义,传入参数类型接受显式的自定义 props 接口或在属性验证对象中自动推断,因此异步组件可以通过 options 或者 Promise 的形式传入。

继续对异步组件进行处理,此处传入 setup 函数,执行 setup 逻辑。setup 函数内部会进行判断,如果异步组件加载完成,且已经有缓存的组件,就会优先返回 resolvedComp 缓存的组件。具体代码实现如下：

```
const instance = currentInstance!
// already resolved
if (resolvedComp) {
  return () => createInnerComp(resolvedComp!, instance)
}
```

若不涉及缓存，则判断是否为 Suspense 组件。若为该类型组件，异步加载完成后返回 load()函数给 Suspense 组件，由 Suspense 组件控制执行时机。具体代码实现如下：

```
// 返回 load()函数移交给 Suspense 接管
if (
  (__FEATURE_SUSPENSE__ && suspensible && instance.suspense) ||
  (__SSR__ && isInSSRComponentSetup)
) {
  return load()
    .then((comp) => {
      return () => createInnerComp(comp, instance);
    })
    .catch((err) => {
      onError(err)
      return () =>
        errorComponent
          ? createVNode(errorComponent as Component, { error: err })
          : null
    });
}
```

处理完特殊情况后，对组件执行过程中需要用到的状态属性初始化，然后执行 load()函数，在组件加载完成后，设置当前状态为加载完成。如果捕获到错误，则进入错误处理流程，清空当前队列；如果无错误，则返回 render 渲染函数。具体代码实现如下：

```
setup() {
  ...
  // suspense 或 SSR 处理逻辑
  ...
  load()
    .then(() => {
      loaded.value = true
    })
    .catch(err => {
      onError(err)
      error.value = err
    })
  return () => {
    if (loaded.value && resolvedComp) {
      return createInnerComp(resolvedComp, instance)
    } else if (error.value && errorComponent) {
      return createVNode(errorComponent as ConcreteComponent, {
        error: error.value
      })
    } else if (loadingComponent && !delayed.value) {
      return createVNode(loadingComponent as ConcreteComponent)
    }
  }
}
```

在上述代码中，正常执行则调用 createInnerComp()函数，传入上下文；如果是其他情况，则通过 createVNode()创建对应状态的组件即可。createInnerComp()函数的代码实现如下：

```
function createInnerComp(
  comp: ConcreteComponent,
  { vnode: { ref, props, children } }: ComponentInternalInstance
) {
```

```
  const vnode = createVNode(comp, props, children)
  vnode.ref = ref
  return vnode
}
```

createInnerComp()函数内部根据当前组件上下文解析出对应的 props 和 children 并将它们作为参数传入 createVNode()函数内,创建对应的 VNode 后返回。

8.7 defineComponent()

该 API 比较特殊,从实现上看,defineComponent()函数传入的参数如果是函数,则参数对象化后返回,否则直接返回该参数。从类型上看,返回的值有一个合成类型的构造函数,可以帮助 Vue 在 TypeScript 语法下,给予组件参数正确的类型推断。

通过该 API 可以正确推断 setup 组件的参数类型,适配 props 的传参,也可以接受显式的自定义 props 接口或从属性验证对象中自动推断等。由源码可知,该 API 通过函数重载实现,根据传入的参数进行组件的参数类型推断。

defineComponent()函数代码实现如下:

```
export function defineComponent(options: unknown) {
  return isFunction(options) ? { setup: options, name: options.name } : options
}
```

8.8 directives

指令系统可以提升开发效率,在 Vue 中使用十分频繁。指令系统也有自己的生命周期。本节介绍指令系统的工作原理。

通过 app.directives()注册全局指令,在需要的地方使用。directives 组件内部会经过模板编译,将对应指令数组化,生成对应的 render 渲染函数。指令系统分为自定义指令和预设指令,预设指令在日常编码过程中通常为 v-xx 的形式,例如,v-for、v-if 等。

在实例化 App 对象时进行指令的注册。指令的注册需要传入两个参数,包含指令名称和具体的指令,如果不传入指令则代表读取指令,在开发环境下判断是否为预设指令,如果为预设指令则直接告警。具体代码实现如下:

```
directive(name: string, directive?: Directive) {
  // 在开发环境下注册预设指令会抛出告警
  if (__DEV__) {
    validateDirectiveName(name)
  }
  // 如果不传递指令,则查询指令
  if (!directive) {
    return context.directives[name] as any
  }
  if (__DEV__ && context.directives[name]) {
    warn(`Directive "${name}" has already been registered in target app.`)
  }
  // 注册指令
  context.directives[name] = directive
  return app
}
```

在上述代码中，validateDirectiveName 会校验是否为预设指令，Vue3 中包含的预设指令如下：

```
const isBuiltInDirective = /* #__PURE__ */ makeMap(
  'bind,cloak,else-if,else,for,html,if,model,on,once,pre,show,slot,text,memo'
)
```

因为指令是在 html 标签中使用的，所以需经过模板编译，将对应的指令转换为标准的渲染函数。下面通过一个例子查看包含指令的 template 编译成 render 渲染函数的结果。模板语法如下：

```
<div v-test:vue3.hello.world="value"></div>
```

其中 v-test 是自定义指令，经过模板编译后，最终形成的 render 函数如下：

```
import {
  resolveDirective as _resolveDirective,
  withDirectives as _withDirectives,
  openBlock as _openBlock,
  createElementBlock as _createElementBlock
} from "vue"
export function render(_ctx, _cache, $props, $setup, $data, $options) {
  const _directive_test = _resolveDirective("test")
  return _withDirectives((_openBlock(), _createElementBlock("div", null, null, 512 /* NEED_
PATCH */)), [
    [
      _directive_test,
      _ctx.value,
      "vue3",
      {
        hello: true,
        world: true
      }
    ]
  ])
}
```

指令的渲染函数最后会保存在数组内，通过对象的方式进行保存和传递。最后返回 _withDirectives()函数，该函数对应 withDirectives()函数。传入到 withDirectives()函数的第二个参数 directive 为可选参数，该参数的类型为 Directive，该类型声明的详细内容如下：

```
export type Directive<T = any, V = any> =
  | ObjectDirective<T, V>
  | FunctionDirective<T, V>
```

根据声明情况可知，传入参数为对象和函数均可以，这两种类型参数传递后，均会有指令的生命周期：created（创建）、beforeMount（挂载前）、mounted（挂载后）、beforeUpdate（更新前）、updated（更新后）、beforeUnmount（卸载前）、unmounted（卸载后）和 getSSRProps（SSR 获取 props 后），接下来查看这两种类型的声明情况：

```
export type FunctionDirective<T = any, V = any> = DirectiveHook<T, any, V>
export interface ObjectDirective<T = any, V = any> {
  created?: DirectiveHook<T, null, V>
  beforeMount?: DirectiveHook<T, null, V>
  mounted?: DirectiveHook<T, null, V>
  beforeUpdate?: DirectiveHook<T, VNode<any, T>, V>
  updated?: DirectiveHook<T, VNode<any, T>, V>
```

```
  beforeUnmount?: DirectiveHook<T, null, V>
  unmounted?: DirectiveHook<T, null, V>
  getSSRProps?: SSRDirectiveHook
  deep?: boolean
}
```

由上述代码可知,无论传入的是对象还是函数,均有生命周期,并且生命周期内的内容如下:

```
export type DirectiveHook<T = any, Prev = VNode<any, T> | null, V = any> = (
  el: T,
  binding: DirectiveBinding<V>,
  vnode: VNode<any, T>,
  prevVNode: Prev
) => void
```

withDirectives()函数在 $ runtime-core_directive. ts 文件内实现。由函数声明可以看到,需传入 vnode 和 directives 两个参数。directives 类型为 DirectiveArguments 数组,内部最多传入 4 个参数,具体如下:Directive、value、argument、modifiers。

```
export type DirectiveArguments = Array<
  | [Directive]
  | [Directive, any]
  | [Directive, any, string]
  | [Directive, any, string, DirectiveModifiers]
```

withDirectives()函数内部主要逻辑是将传入的 DirectiveArguments 类型对象数组转换为 DirectiveBinding 类型对象数组,该类型声明如下:

```
export interface DirectiveBinding<V = any> {
  instance: ComponentPublicInstance | null
  value: V
  oldValue: V | null
  arg?: string
  modifiers: DirectiveModifiers
  dir: ObjectDirective<any, V>
}
```

将对应参数值和案例进行匹配后,涉及如下参数:

```
instance:代理上下文
value:_ctx.value,
oldVlaue:null,
arg: "vue3",
modifiers:{},
dir:{ hello: true, world: true },
```

将传入的数据进行重新组合和处理,最后成为 render 的参数,以便于在渲染的时候进行处理。由 render 案例可知,传入的数据结构如下:

```
[[
  _directive_test,
  _ctx.value,
  "vue3",
  {
    hello: true,
    world: true
  }
]]
```

传入的 directives 通过二维数组包裹，数组的第一层用于处理一个元素有多个指令的情况，每个指令对应一个数组。为了将传入的数据进行标准化，需要通过 for 循环遍历所有的指令，将指令内的数据提取出来，放入 VNode 的 dirs 字段内，完成处理后返回 VNode。根据该思路，查看 withDirectives()函数的数组标准化实现，代码实现如下：

```
const instance = internalInstance.proxy
const bindings: DirectiveBinding[] = vnode.dirs || (vnode.dirs = [])
for (let i = 0; i < directives.length; i++) {
  let [dir, value, arg, modifiers = EMPTY_OBJ] = directives[i]
  if (isFunction(dir)) {
    dir = {
      mounted: dir,
      updated: dir
    } as ObjectDirective
  }
  if (dir.deep) {
    traverse(value)
  }
  bindings.push({
    dir,
    instance,
    value,
    oldValue: void 0,
    arg,
    modifiers
  })
}
```

上述步骤完成指令的注册和标准化处理。对元素渲染时会触发对应指令，元素的渲染需要回到 render 函数的 patch 分发阶段，创建元素的逻辑需查看 processElement()函数。

在挂载阶段，将会判断 dirs 属性，若该属性有值，则通过 invokeDirectiveHook()函数触发 created 生命周期回调函数，然后触发 beforeMount()函数，最后触发 mounted 函数。

```
// vnode 已经生成完成,触发 created 生命周期钩子函数
if (dirs) {
  invokeDirectiveHook(vnode, null, parentComponent, 'created')
}
// 相关准备工作已完成,准备开始挂载,触发 beforeMount 生命周期钩子函数
if (dirs) {
  invokeDirectiveHook(vnode, null, parentComponent, 'beforeMount')
}
// 挂载完成,触发最新的 mounted 生命周期钩子函数
dirs && invokeDirectiveHook(vnode, null, parentComponent, 'mounted')
```

指令的生命周期依赖元素的生命周期，此处不展开介绍。将 patch 阶段的一些可操作 DOM 的时机通过钩子函数进行暴露，帮助在对应时间点执行精准的操作，指令的引入提供了操作底层 DOM 的抽象能力。

完成整个指令系统介绍后，查看回调钩子函数的实现逻辑，该逻辑的实现也十分简单，遍历 VNode 上保存的 dirs 字段，保存对应的值，再执行用户传入的 hook 回调函数，完成指令的执行。

```
export function invokeDirectiveHook(
  vnode: VNode,
  prevVNode: VNode | null,
```

```
  instance: ComponentInternalInstance | null,
  name: keyof ObjectDirective
) {
  // 获取当前指令
  const bindings = vnode.dirs!
  // 获取旧指令
  const oldBindings = prevVNode && prevVNode.dirs!
  // 处理获取到的指令
  for (let i = 0; i < bindings.length; i++) {
    const binding = bindings[i]
    // 处理老指令
    if (oldBindings) {
      binding.oldValue = oldBindings[i].value
    }
    // 根据指令名称,调用自定义指令回调函数
    const hook = binding.dir[name] as DirectiveHook | DirectiveHook[] | undefined
    if (hook) {
      // 执行
      pauseTracking()
      callWithAsyncErrorHandling(hook, instance, ErrorCodes.DIRECTIVE_HOOK, [
        vnode.el,
        binding,
        vnode,
        prevVNode
      ])
      resetTracking()
    }
  }
}
```

以上便是 directives 指令的具体处理流程,从注册到标准化,再到真正的执行逻辑。整个 directives 的整理逻辑介绍完成,通过该方法可以实现更加灵活的指令系统,实现自定义逻辑。

8.9 scheduler

scheduler 是 Vue3 内实现的异步任务调度方法,通过队列的方式实现异步执行。该 API 在整个 Vue3 内经常被使用到,此处简单介绍该 API 的实现逻辑。

在正式介绍该 API 前,先介绍浏览器事件循环(Event loop)。事件循环是浏览器或 Node 的一种解决 JavaScript 单线程运行时不会阻塞的一种机制。在 JavaScript 中,任务被分为宏任务(MacroTask)和微任务(MicroTask),如下 API 属于宏任务:setTimeout、setInterval、setImmediate(仅 IE10 支持)、I/O 和 UI Rendering。Process. nextTick(Node 独有)、Promise、Object. observe(废弃)和 MutationObserver 等属于微任务。

浏览器中 JavaScript 有一个 main thread 主线程和 call-stack 调用栈(执行栈),所有的任务都会被放到调用栈等待主线程执行。微任务(MicroTask)和宏任务(MacroTask)都是先进先出队列,由指定的任务源去提供任务,不同的是一个 Event Loop 中只有一个微任务队列。每次 Event Loop 执行栈完成后,会继续执行微任务队列内的任务。通过该特性,Vue3 在执行异步操作时,通常通过微任务队列任务处理内容。若使用 Vue2 则会接触到熟悉的 API 函数 $nextTick,该 API 可以保证页面更新完成后再执行对应内容。其原理便是通过微任务执行。因页面渲染属于宏任务,根据事件循环的特点,微任务可以保证页面更新完成后再执行相应的 API 逻辑。在 Vue2 中该函数进行过兼容处理,首先通过 Promise 处理微任务,若不支持

则降级为 setTimeOut，在下一个宏任务中执行。因 Vue3 使用最新的 API，不兼容低版本浏览器，因此直接通过 Promise 实现。

注：在浏览器中实现 Event Loop 与在 NodeJs 中实现有所差异，关于两者的特点及差异，此处不做展开。

nextTick 借助 Promise 实现 microtask，执行 Promise 的 Promise.resolve()将对应回调函数包裹在 then 方法内返回，保证页面渲染更新完成后执行回调逻辑。具体代码实现如下：

```
const resolvedPromise: Promise<any> = Promise.resolve()
let currentFlushPromise: Promise<void> | null = null
export function nextTick(
  this: T,
  fn?: (this: T) => void
): Promise<void> {
  const p = currentFlushPromise || resolvedPromise
  return fn ? p.then(this ? fn.bind(this) : fn) : p
}
```

了解了 Vue3 中的 nextTick()方法实现后，再来介绍异步任务 scheduler 的实现。

异步任务 scheduler 的作用是执行异步任务队列和执行异步任务队列对应的回调函数。异步队列需要一个数组作为任务队列，下面查看对应的状态对象：

```
let isFlushing = false                                      //是否正在执行
let isFlushPending = false                                  // 是否在等待执行任务中
const queue: SchedulerJob[] = []                            // 任务队列
let flushIndex = 0;                                         // 当前任务下标

const pendingPreFlushCbs: SchedulerCb[] = []                // 执行回调函数前任务队列
let activePreFlushCbs: SchedulerCb[] | null = null          // 当前执行回调队列前任务
let preFlushIndex = 0                                       // 预执行任务下标

const pendingPostFlushCbs: SchedulerCb[] = []               // 待执行回调任务队列
let activePostFlushCbs: SchedulerCb[] | null = null         // 当前执行回调任务队列
let postFlushIndex = 0                                      // 执行回调任务下标

const resolvedPromise: Promise<any> = Promise.resolve()     //异步 promise
let currentFlushPromise: Promise<void> | null = null        // 当前执行 promise
let currentPreFlushParentJob: SchedulerJob | null = null    // 当前预执行回调任务
const RECURSION_LIMIT = 100                                 // 最大循环次数
```

在 scheduler 中，queueJob()方法是异步函数的触发方法。更新任务保存到 queue 数组内，执行 queueFlush()函数触发 queue 数组内保存的任务执行。该函数位于 $runtime-core_scheduler.ts 文件内。具体代码实现如下：

```
export function queueJob(job: SchedulerJob) {
  if (
    (!queue.length ||
      !queue.includes(
        job,
        isFlushing && job.allowRecurse ? flushIndex + 1 : flushIndex
      )) &&
    job !== currentPreFlushParentJob
  ) {
    if (job.id == null) {
      queue.push(job)
    } else {
```

```
      queue.splice(findInsertionIndex(job.id), 0, job)
    }
    queueFlush()
  }
}
```

queueJob 触发任务保存条件较多,简单来说,只要满足如下条件之一即可添加任务到队列内:

(1) 队列为空;

(2) 正在清空队列,且当前待添加任务若允许递归执行,则跳过任务队列内指向的当前任务,只需判断当前任务之后的队列是否有相同任务,若不相同且与当前正在执行任务不同则进入队列;

(3) 正在清空队列,且当前添加任务若不允许递归执行,则从当前任务开始扫描,任务队列内的任务与当前任务是否相同,若不相同且与当前正在执行的任务不同则入队。

进入队列后执行 queueFlush()函数。该函数主要用于判断当前有无其他任务在执行,若无其他任务,则开始执行 flushJobs()函数,用于清空队列任务。

```
function queueFlush() {
  if (!isFlushing && !isFlushPending) {
    isFlushPending = true
    currentFlushPromise = resolvedPromise.then(flushJobs)
  }
}
```

调用 flushJobs()函数后,更新初始化的状态对象,标识当前正在执行任务,再通过 flushPreFlushCbs()函数判断任务队列中是否有需要预处理的回调函数,该步骤可用于触发组件更新前的钩子函数等。具体代码实现如下:

```
function flushJobs(seen?: CountMap) {
  isFlushPending = false
  isFlushing = true
  if (__DEV__) {
    seen = seen || new Map()
  }
  // 调用更新前任务队列
  flushPreFlushCbs(seen)
  // 对任务进行排序
  queue.sort((a, b) => getId(a) - getId(b))
  try {
    ...
  } finally {
    ...
  }
}
```

完成该函数调用后开始对任务队列进行排序。该排序步骤主要是为了保证更新的顺序是从大到小的。在组件更新阶段,因为父组件总是先于子组件创建,所以在创建 VNode 的时候,会分配一个自增的 id,此处便是用创建时的 id 进行排序,确保子组件的更新在父组件之后。如果一个组件在父组件更新期间被卸载,则可以通过该方法跳过更新,从而达到优化的目的。

完成队列的排序后,通过 for 循环遍历任务队列,并执行对应的队列任务。通过 try…catch…finally…捕获错误,用于在执行过程中出现错误,能够第一时间进行捕获,通过 finally 重置任务状态和执行任务回调函数。任务回调函数通过 flushPostFlushCbs()函数处理,代码实现如下：

```
function flushJobs(seen?: CountMap) {
    ...
  try {
    for (flushIndex = 0; flushIndex < queue.length; flushIndex++) {
      const job = queue[flushIndex]
      if (job && job.active !== false) {
        if (__DEV__ && check(job)) {
          continue
        }
        callWithErrorHandling(job, null, ErrorCodes.SCHEDULER)
      }
    }
  } finally {
    flushIndex = 0
    queue.length = 0
    flushPostFlushCbs(seen)
    isFlushing = false
    currentFlushPromise = null
    // 异步循环
    if (
      queue.length ||
      pendingPreFlushCbs.length ||
      pendingPostFlushCbs.length
    ) {
      flushJobs(seen)
    }
  }
}
```

完成上述步骤后，再次确认 queue 数组内是否还有任务，若有任务则继续递归执行 flushJobs()函数。在整个调用过程中，涉及预先处理队列函数 flushPreFlushCbs()和执行完成后队列处理函数 flushPostFlushCbs()。

flushPreFlushCbs()函数用于执行任务之前触发对应回调函数，通过该函数可以调用组件在更新等操作前的生命周期回调函数。在生命周期回调函数执行前需要先将任务保存在数组内，通过 Set 类型对象对数组任务进行去重，再通过 for 循环执行任务函数，最后重置状态，完成一轮执行后，判断 pendingPreFlushCbs 数组内是否还有任务，若有则继续递归处理。具体代码实现如下：

```
export function flushPreFlushCbs(
  seen?: CountMap,
  parentJob: SchedulerJob | null = null
) {
  if (pendingPreFlushCbs.length) {
    currentPreFlushParentJob = parentJob
    // 数组内容去重
    activePreFlushCbs = [...new Set(pendingPreFlushCbs)]
    pendingPreFlushCbs.length = 0
    if (__DEV__) {
      seen = seen || new Map()
    }
    for (
      preFlushIndex = 0;
      preFlushIndex < activePreFlushCbs.length;
```

```
      preFlushIndex ++
    ) {
      if (__DEV__) {
        checkRecursiveUpdates(seen!, activePreFlushCbs[preFlushIndex])
      }
      activePreFlushCbs[preFlushIndex]()
    }
    activePreFlushCbs = null
    preFlushIndex = 0
    currentPreFlushParentJob = null
    // recursively flush until it drains
    flushPreFlushCbs(seen, parentJob)
  }
}
```

在递归的过程中，在开发环境下会通过 seen 字段记录循环次数。预设的最大执行次数为 100 次，若超过该次数则会抛出错误，若没有则将 seen 字段加 1。

```
function checkRecursiveUpdates(seen: CountMap, fn: SchedulerJob | SchedulerCb) {
  if (!seen.has(fn)) {
    seen.set(fn, 1)
  } else {
    const count = seen.get(fn)!
    if (count > RECURSION_LIMIT) {
      throw new Error(
        …
      )
    } else {
      seen.set(fn, count + 1)
    }
  }
}
```

flushPostFlushCbs()函数的处理方式与 flushPreFlushCbs()类似，取出队列任务后，判断是否为嵌套回调任务，若为嵌套任务则保存后直接返回，如果不是则开始执行。在执行回调任务前也会对任务进行排序，以保证回调任务的有序执行。通过 for 循环遍历 activePostFlushCbs 数组内的数据后，完成一次任务的执行。与 flushPreFlushCbs()函数相比，flushPostFlushCbs()函数内部没有递归调用 pendingPostFlushCbs()函数，因为这个函数的触发是在任务执行完成后，在执行过程中不存在有新任务添加进来的情况。具体代码实现如下：

```
export function flushPostFlushCbs(seen?: CountMap) {
  if (pendingPostFlushCbs.length) {
    const deduped = [...new Set(pendingPostFlushCbs)]
    // 清空 pendingPostFlushCbs 数据
    pendingPostFlushCbs.length = 0
    // #1947 already has active queue, nested flushPostFlushCbs call
    if (activePostFlushCbs) {
      activePostFlushCbs.push(...deduped)
      return
    }
    activePostFlushCbs = deduped
    if (__DEV__) {
      seen = seen || new Map()
    }
    activePostFlushCbs.sort((a, b) => getId(a) - getId(b))
    for (
```

```
        postFlushIndex = 0;
        postFlushIndex < activePostFlushCbs.length;
        postFlushIndex++
      ) {
        if (__DEV__) {
          checkRecursiveUpdates(seen!, activePostFlushCbs[postFlushIndex])
        }{
          continue
         }
        activePostFlushCbs[postFlushIndex]()
      }
      activePostFlushCbs = null
      postFlushIndex = 0
    }
  }
```

整个 scheduler 核心流程基本介绍完成,通过本节可以了解到整个异步任务的执行逻辑,该异步任务调度不仅使用在组件更新上,也会使用在 watch API 中以及 Suspense 组件等的生命周期中。

第9章 整体架构

CHAPTER 9

本章将从整体架构的变化方面进行简单的梳理，介绍 Vue3 中架构设计、打包工具和构建工具 3 个方面的优化。帮助读者理解这些优化的特点，学习优秀框架的架构设计。

观看视频速览本章主要内容。

9.1 架构设计

Vue3 将所有 API 进行了函数化，这样做的好处是可以按需引入，便于跨平台使用。例如，在微信小程序等特定的渲染容器内使用 Vue3 的能力，可以直接引入响应式和渲染核心库，使用自定义渲染器，替换与浏览器 DOM 相关的内容，实现跨平台的目的。

本章将会从代码结构、模块分布、打包变化和 vite 调试等方面进行介绍，帮助读者了解 Vue3 的变化。第 1 章已经介绍 Vue3 的工程目录结构和对应文件的作用，本节将从模块的角度介绍 Vue3 目录结构的变化。

Vue3 整个源码采用 monorepo 管理模式，目录分层更加简明，在 packages 目录下管理不同模块的应用程序包。整个程序结构如图 9.1 所示。

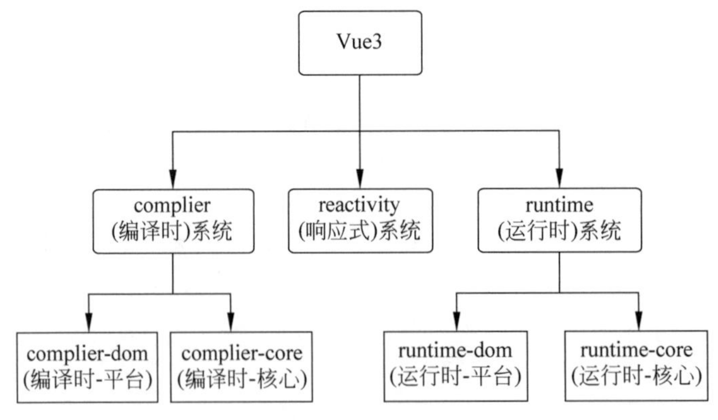

图 9.1 程序结构

在如图 9.1 所示的结构中，以核心代码、跨平台代码和工具函数进行分类。

注： monorepo 是一种将多个 package 放在一个 repo 中的代码管理模式，摒弃了传统的多个 package 多个 repo 的模式。目前 Babel、React、Angular、Meteor、Jest 等许多开源项目都使用该种模式来管理代码。

9.2 打包工具

Vue3 使用 Rollup 打包，可能有读者会问：为何不使用 Webpack 打包，两者有何异同？首

先查看两个打包工具的定义。

Rollup：Rollup 是一个 JavaScript 模块打包器，可以将小块代码编译成大块复杂的代码，例如，library 或应用程序。

Webpack：Webpack 是一个用于现代 JavaScript 应用程序的静态模块打包工具。当 Webpack 处理应用程序时，它会在内部构建一个依赖图（dependency graph），此依赖图对应映射到项目所需的每个模块，并生成一个或多个 bundle。

下面简单介绍两个打包工具的特点：

Webpack：拆分代码，按需加载。

Rollup：所有资源集中一起，同时加载，打包结果体积小。

Webpack 对代码进行拆分，实现按需加载。这样本身是一个优势，但因为类库代码打包完成后结果体积均很小，对按需加载的需求并不高，且打包结果均会添加 Webpack 特有的代码，增加结果体积。

Rollup 基于 ES6 进行模块打包，只是单纯地对代码进行简单的合并和处理，不会拆分和引入各种依赖，这样得到的结果体积会更小。Rollup 采用 ES6 原生的模块机制打包相比 Webpack 和 Browserify 使用 CommonJS 进行模块打包更高效。

类库代码以 js 居多，css 和 html 代码较少。在这种场景下，打包得到的结果越小越好，便于其他项目引入。Webpack 打包更适合 css 和 html 文件较多的场景，可实现对代码的按需加载，保证加载速度。

总的来说，Vue3 使用 Rollup 打包可以得到体积更小的文件，提升打包效率。

9.3 构建工具

Vue3 推荐采用 Vite 作为构建工具，代替之前使用的 Webpack，一种新的技术产生并投入工程类项目，肯定会有之前技术不能比拟的优势。本节将讨论 Vite 构建工具。

首先查看官方对该工具的定义：Vite 是一种新型前端构建工具，能够显著提升前端开发体验。它主要由两部分组成：

（1）一个开发服务器，它基于原生 ES 模块，提供了丰富的内建功能，如速度快到惊人的模块热更新（HMR）。

（2）一套构建指令，它使用 Rollup 打包代码，并且是预配置的，可以输出生产环境优化过的静态资源。

对官方的描述性语言进行简单的分析，Vite 有如下特点：

（1）由于大多数现代浏览器都支持 ES module 语法，所以在开发阶段，可以不用进行打包，直接将使用 ES module 语法的文件给到浏览器，减少编译环节，节约服务启动时间。另外，Vite 通过拦截浏览器 http 请求，实现当前页面所需文件按需加载，进一步减少启动时间。

（2）每个文件通过 http 头缓存在浏览器端，当特定文件修改后，只需让此文件缓存失效，其余文件依然处于缓存状态。使用 ES module 进行热更新时，只需更新失效的模块，从而减少更新所需时间。

关于上述两点描述，可以通过官方给的 Vite 案例查看，在执行 npm run dev 时，启动一个服务并监听 3000 端口。使用浏览器打开该服务，请求时会加载 App. vue 等文件。文件内编译出渲染函数，以 ES Module 的方式交由浏览器渲染，渲染文件如图 9.2 所示。

请求时，在请求头指定文件的缓存时间并缓存该文件，涉及请求头信息如图 9.3 所示。

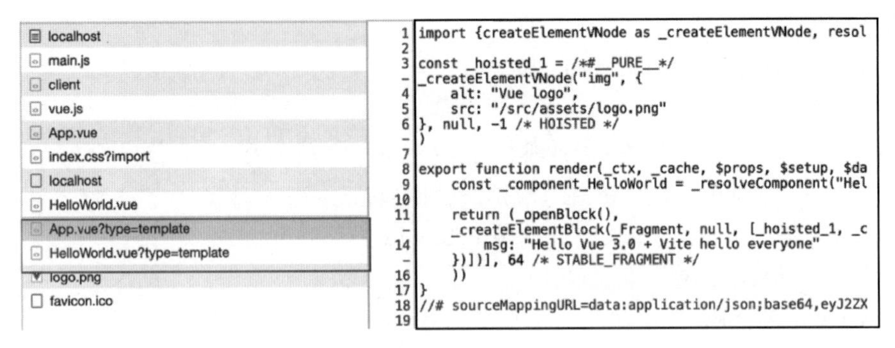

图 9.2 渲染文件

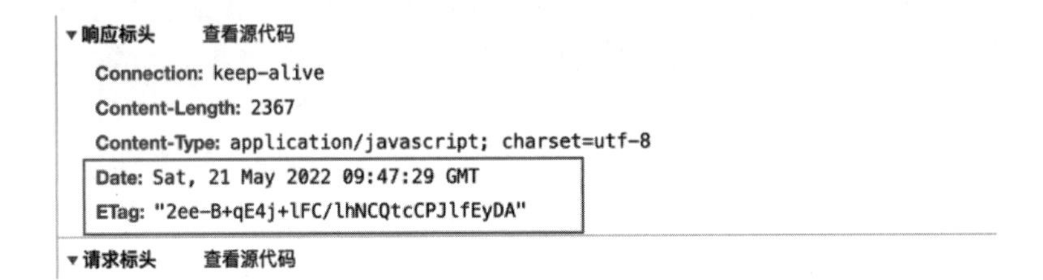

图 9.3 请求头信息

对 App. vue 文件内容进行修改时，只会重新请求 App. vue 文件，不会影响其他文件，重新请求文件如图 9.4 所示。

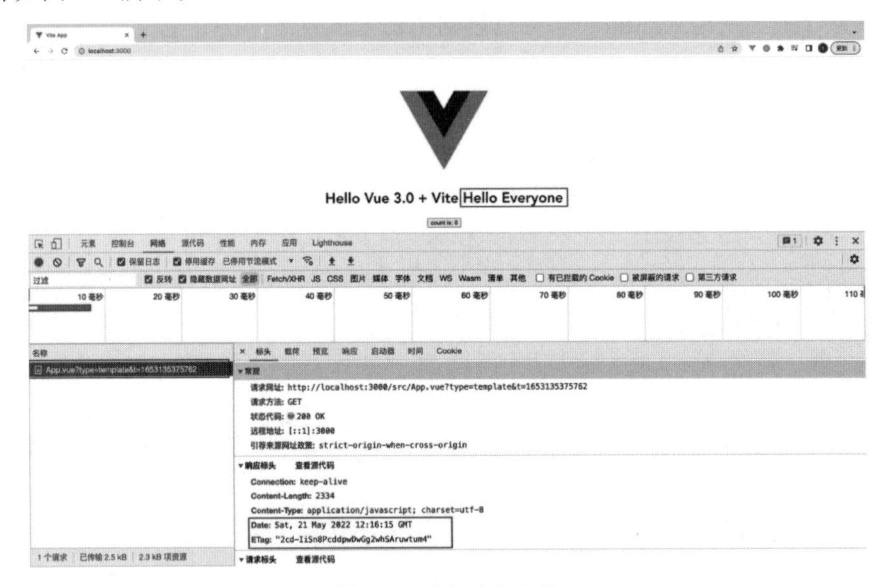

图 9.4 重新请求文件

第10章 实战案例

CHAPTER 10

前面各章由浅入深、从整体到局部详细介绍了整个 Vue3 框架的情况，本章将以一个案例为核心，展开介绍前面学习的知识点在实际项目中的应用，达到学以致用的效果。

观看视频速览本章主要内容。

10.1 案例介绍

本章将从实战案例的角度介绍 Vue3 的方法应用，在实际项目中进一步熟悉 Vue3 的使用。在案例介绍过程中，可以有针对性地思考 Vue3 的书写规则。从实践中深入理解 Vue3 框架的使用方法。

本章着重介绍核心功能点的表现，略去页面布局等非核心逻辑，对整个项目感兴趣的开发者，可直接查阅源码。整个案例提供的源码已上传 github，地址如下：http://github.com/itbook-program/vue3-lighthouse。

10.1.1 项目介绍

本章以订阅式知识服务灯塔项目为例，内部集成文章的发布和管理、会员和非会员的阅读权限区分、作者订阅和文章推送等功能，主要包括登录注册模块、写作编辑模块、个人资料模块和订阅管理模块。

10.1.2 知识点介绍

1. 登录和注册页面

登录和注册页面通过遮罩层展示，登录和注册页面如图 10.1 所示。

图 10.1 登录和注册页面

登录和注册属于常规的表单填写页面，本节会介绍 teleport 组件的应用，将整个遮罩放到 body 下，通过 Vue3 特有的方式指定组件父元素。

2. 首页和个人资料页面

首页属于完整的静态页面，个人资料页面也属于静态内容偏多的部分，本模块将会着重介绍模板编译的优化和执行过程，加深对模板编译的理解。首页和个人资料页面如图 10.2 所示。

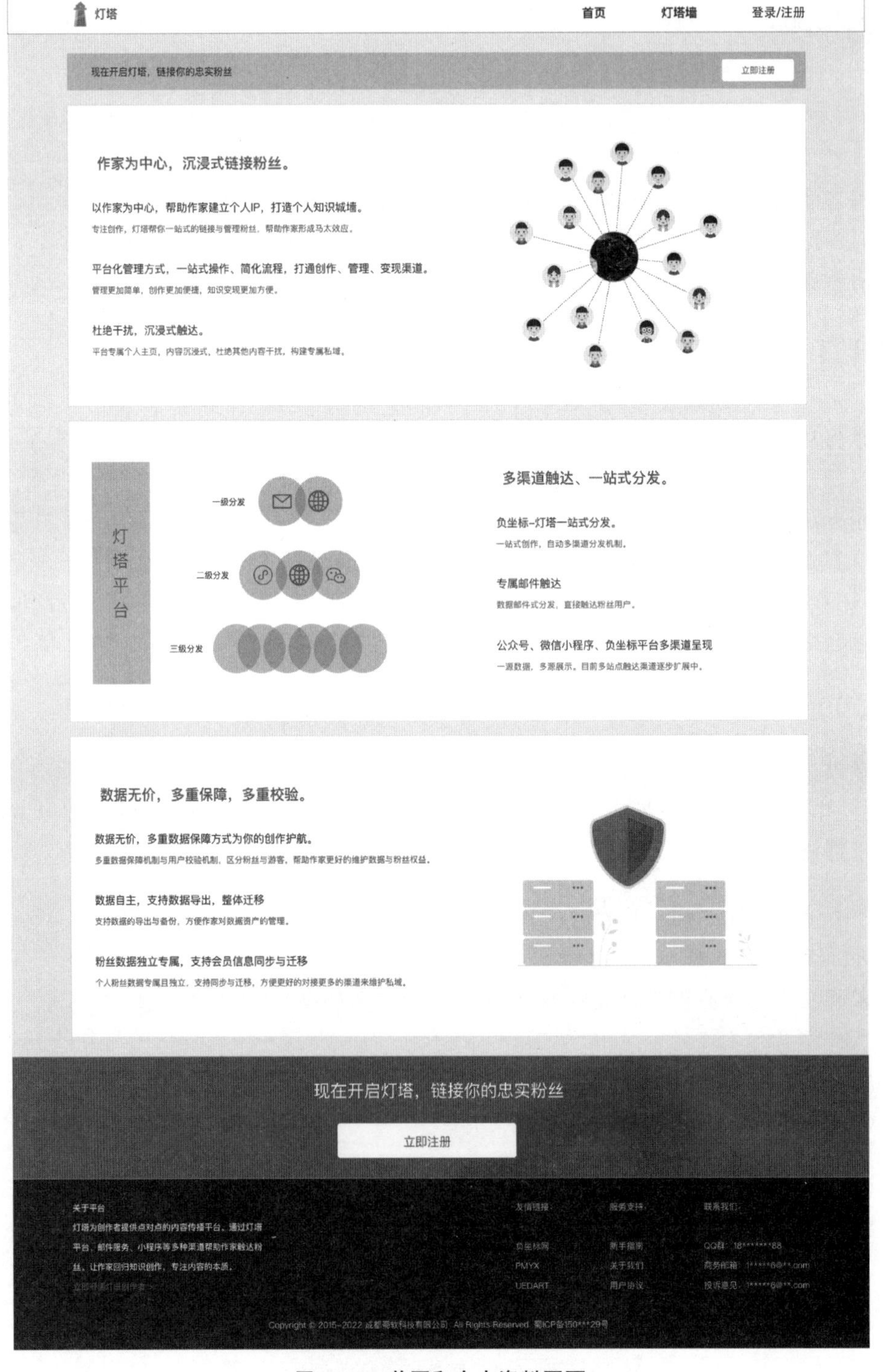

图 10.2 首页和个人资料页面

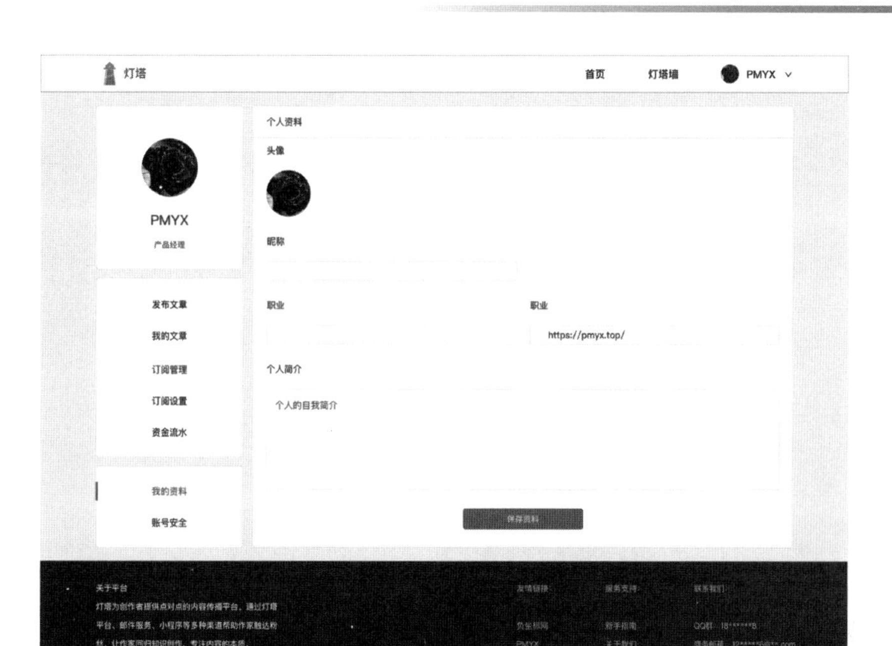

图 10.2(续)

3. 写作和个人主页页面

写作和个人主页页面主要介绍 Vue3 中的常用功能和方法,包括引入第三方库的处理、内容层级划分、组件引入和 props 传递等内容。通过写作和个人主页页面的实现帮助理解整个工程开发的流程和逻辑,写作和个人主页页面如图 10.3 所示。

图 10.3　写作和个人主页页面

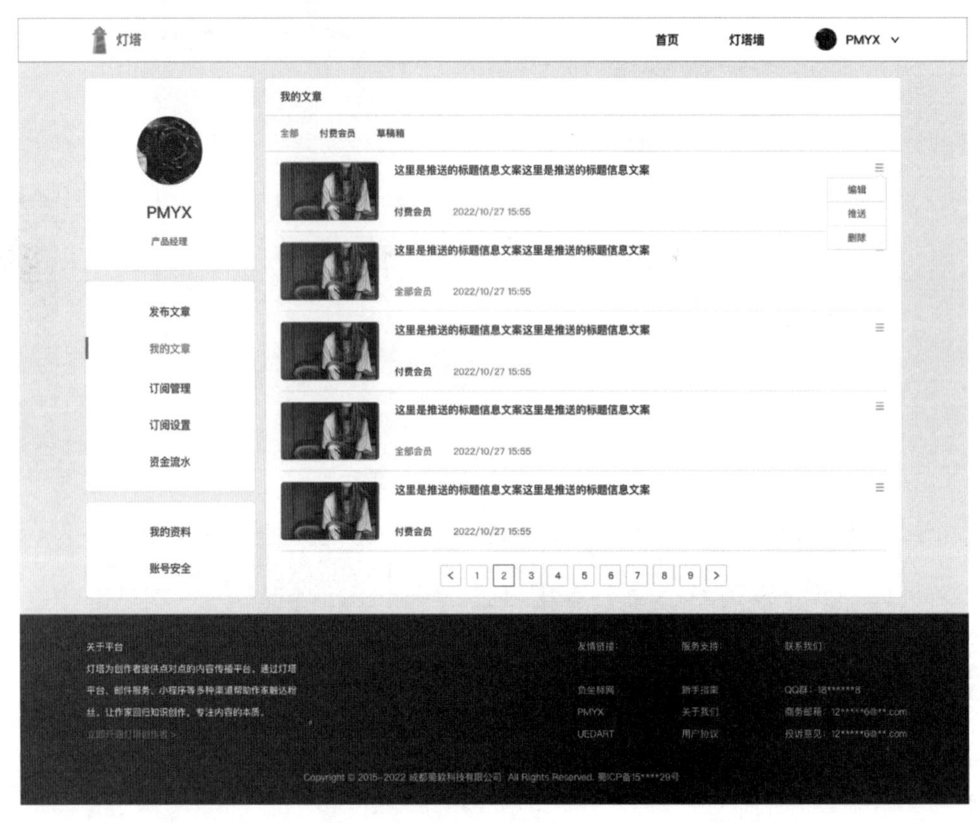

图 10.3(续)

10.2 Vue3 核心实战

10.2.1 登录页面

10.1 节对登录页面的设计进行了展示,本节通过代码实现登录页面。在开始编写代码前先对整个页面进行简单的分析:页面由遮罩层、两种登录方式切换、账号注册、忘记密码和提交按钮组成。

蒙层遮罩使用 ant-design-vue 框架的 a-modal 组件实现,通过蒙层将实际元素进行包裹,控制遮罩层的显示和关闭。

静态代码实现如下:

```
<template>
  <a-modal
    v-model:visible="showLogin"
    title="登录"
    centered
    :mask-closable="false"
    :footer="null"
    @cancel="handleLoginModalCancel"
    class="modal-container"
  >
    <div class="main">
      <p-login isShow @closeHandle="handleLoginModalCancel"></p-login>
    </div>
```

```
  </a-modal>
</template>
```

此处使用 a-modal 实现蒙层，内部引入 p-login 自定义组件，用于实现整个内部结构。因登录和注册逻辑均在 header 模块内，故在内部引入登录和注册组件，引入组件位置如图 10.4 所示。

```
42  import { ref, computed } from 'vue'
43  import { DownOutlined } from '@ant-design/icons-vue';
44  import BookLogin from 'components/login/login.vue';
45  import BookRegister from 'components/login/register.vue';
46  import { removeToken, removeUser } from '@/utils/auth'
47  import { message } from 'ant-design-vue';
48  import { useRouter } from 'vue-router';
```

图 10.4 引入组件位置

详细实现可参考源码：/src/components/header/index.vue。

p-login 组件内部实现手机号＋密码和手机号＋验证码登录，省略页面布局实现。在 scripts 部分写法上与 Vue2 有许多差别，Vue3 相关的方法均需要单独引入，例如，ref、reactive 和 onBeforeUnmount 方法等。ref 在使用时，赋值数据要加上.value，在绑定使用时也需要显性地指定.value，该写法与 ref 方法内部封装实现有密切关系。

使用 reactive 声明的数据在解构赋值后，会丢失响应式状态，需要通过 toRefs 重新进行依赖收集。生命周期函数在 setup 内使用需要 on 前缀，上述内容的原理在解读源码的过程中均有介绍。查看源码中组件的书写方式，会发现书写代码的组合会更加方便，没有特定的约束。结合 setup 声明语法糖可以达到极致的 Components API 的书写风格。

10.2.2 注册页面

本节介绍注册页面的核心逻辑，功能实现与登录页面类似，在渲染注册页面时，引入的组件位于 header 标签内，但是实际渲染的 DOM 结构有所变化。观察案例的注册页面 DOM 结构可看出，引入登录和注册弹窗的模块位于 header 标签下方。实际渲染出的 DOM 结构如图 10.5 所示。

```
▼<div id="app" data-v-app>
  ▼<header data-v-613e5ae0>
    ▼<div class="header-wrap" data-v-613e5ae0> flex
      ▼<div class="header-logo" data-v-613e5ae0> flex
          <img src="/src/assets/logo.png" data-v-613e5ae0>
          <span data-v-613e5ae0>灯塔</span>
        </div>
      ▼<div class="header-info" data-v-613e5ae0> flex
          <div class="header-info__item" data-v-613e5ae0>首页</div>
        ▼<div class="header-info__item" data-v-613e5ae0>
            <span class="register" data-v-613e5ae0>注册</span>
            <span class="login" data-v-613e5ae0>登录</span>
          </div>
        </div>
      </div>
    </header>
    <!--teleport start-->
    <!--teleport end-->
    <!--teleport start-->
    <!--teleport end-->
    <!---->
  ▼<div class="book-content" data-v-5f2c575d>
    ▼<div class="page" data-v-388b6295 data-v-5f2c575d>
```

图 10.5 DOM 结构

由图 10.5 可知，在 header 标签下方并无登录和注册组件相关 DOM 内容，取而代之的是 teleport 的注释标签。在学习 teleport 组件的过程中可知，当组件通过 to 属性跳转到其他元素内容时，将会在原来的位置标识一个 teleport 的注释标签。整个遮罩层也使用 teleport 组件实现。查看 ant-design-vue 框架源码，可以看到，其内部实现和表现一致，Portal 组件和 render 渲染函数如图 10.6 和图 10.7 所示。

```
14    render() {
15      const { visible, getContainer, forceRender } = this.$props;
16      let dialogProps = {
17        ...this.$props,
18        ...this.$attrs,
19        ref: '_component',
20        key: 'dialog',
21      };
22      // 渲染在当前 dom 里;
23      if (getContainer === false) {
24        return (
25          <Dialog
26            {...dialogProps}
27            getOpenCount={() => 2} // 不对 body 做任何操作。。
28          >
29            {getSlot(this)}
30          </Dialog>
31        );
32      }
33      return (
34        <Portal
35          visible={visible}
36          forceRender={forceRender}
37          getContainer={getContainer}
38          children={childProps => {
39            dialogProps = { ...dialogProps, ...childProps };
40            return <Dialog {...dialogProps}>{getSlot(this)}</Dialog>;
41          }}
42        />
43      );
44    },
45  });
46
47  export default DialogWrap;
```

图 10.6 Portal 组件

```
13      return {};
14    },
15    mounted() {
16      this.createContainer();
17    },
18    updated() {
19      const { didUpdate } = this.$props;
20      if (didUpdate) {
21        nextTick(() => {
22          didUpdate(this.$props);
23        });
24      }
25    },
26
27    beforeUnmount() {
28      this.removeContainer();
29    },
30    methods: {
31      createContainer() {
32        this._container = this.$props.getContainer();
33        this.$forceUpdate();
34      },
35      removeContainer() {
36        if (this._container && this._container.parentNode) {
37          this._container.parentNode.removeChild(this._container);
38        }
39      },
40    },
41
42    render() {
43      if (this._container) {
44        return <Teleport to={this._container}>{this.$props.children}</Teleport>;
45      }
```

图 10.7 render 渲染函数

由源码可知，modal 组件通过 teleport 组件包裹，再将子组件传入。注册页面的其他内容此处不展开介绍。

10.3　Vue3 模板编译实战

10.3.1　首页页面

首页属于静态页面，在开发过程中穿插介绍 Vue3 模板编译的内容。通过第 7 章介绍的模板编译过程可知，静态页面在编译后会打上静态标签，后续不触发更新，从而达到编译阶段优化的目的。

源码位于 $ root/src/pages/homePage/index.vue 文件内，此处省略静态页面的搭建和样式的实现，借助浏览器 debug 查看内部渲染逻辑。打开页面请求详情，查看编译完成的 render 函数，编译 render 函数如图 10.8 所示。

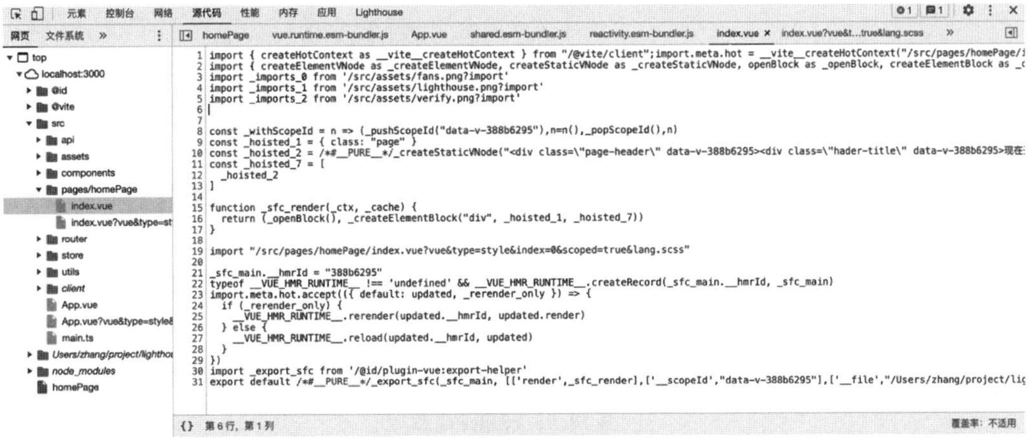

```
import { createHotContext as __vite__createHotContext } from "/@vite/client";import.meta.hot = __vite__createHotContext("/src/pages/homePage/i
import { createElementVNode as _createElementVNode, createStaticVNode as _createStaticVNode, openBlock as _openBlock, createElementBlock as _c
import _imports_0 from '/src/assets/fans.png?import'
import _imports_1 from '/src/assets/lighthouse.png?import'
import _imports_2 from '/src/assets/verify.png?import'


const _withScopeId = n => (_pushScopeId("data-v-388b6295"),n=n(),_popScopeId(),n)
const _hoisted_1 = { class: "page" }
const _hoisted_2 = /*#__PURE__*/_createStaticVNode("<div class=\"page-header\" data-v-388b6295><div class=\"hader-title\" data-v-388b6295>现在
const _hoisted_7 = [
  _hoisted_2
]

function _sfc_render(_ctx, _cache) {
  return (_openBlock(), _createElementBlock("div", _hoisted_1, _hoisted_7))
}

import "/src/pages/homePage/index.vue?vue&type=style&index=0&scoped=true&lang.scss"

_sfc_main.__hmrId = "388b6295"
typeof __VUE_HMR_RUNTIME__ !== 'undefined' && __VUE_HMR_RUNTIME__.createRecord(_sfc_main.__hmrId, _sfc_main)
import.meta.hot.accept(({ default: updated, _rerender_only }) => {
  if (_rerender_only) {
    __VUE_HMR_RUNTIME__.rerender(updated.__hmrId, updated.render)
  } else {
    __VUE_HMR_RUNTIME__.reload(updated.__hmrId, updated)
  }
})
import _export_sfc from '/@id/plugin-vue:export-helper'
export default /*#__PURE__*/_export_sfc(_sfc_main, [['render',_sfc_render],['__scopeId',"data-v-388b6295"],['__file',"/Users/zhang/project/lig
```

图 10.8　编译 render 函数

由图 10.8 可知，整个页面全部被编译为静态内容。调用_sfc_render 函数渲染时，以模块的方式转换为 VNode，标记为静态节点，后续 diff 时直接跳过。关于 render 渲染函数转 VNode 的过程已经在 4.1 节介绍过。

在编译阶段完成 template 转 render 渲染函数后加载到浏览器内。浏览器加载的文件内只涉及 runtime 相关的内容，省略编译环节。

完成静态页面的制作和渲染流程的简单介绍，通过案例查看整个页面的真实渲染逻辑，方便理解源码的模板编译过程和规则。

10.3.2　个人资料页面

个人资料页面介绍静态和动态内容的渲染编译情况，通过两者对比，进一步熟悉模板编译的优化规则。

个人资料页面在前面已有展示，此处关注整个渲染过程，render 函数如图 10.9 所示。

个人资料页面的内容不多，但 template 转换为 render 函数后，比首页页面的 render 函数更复杂，在渲染过程中，引入 cache 缓存和静态节点标记等优化方法，减少 diff 的流程。

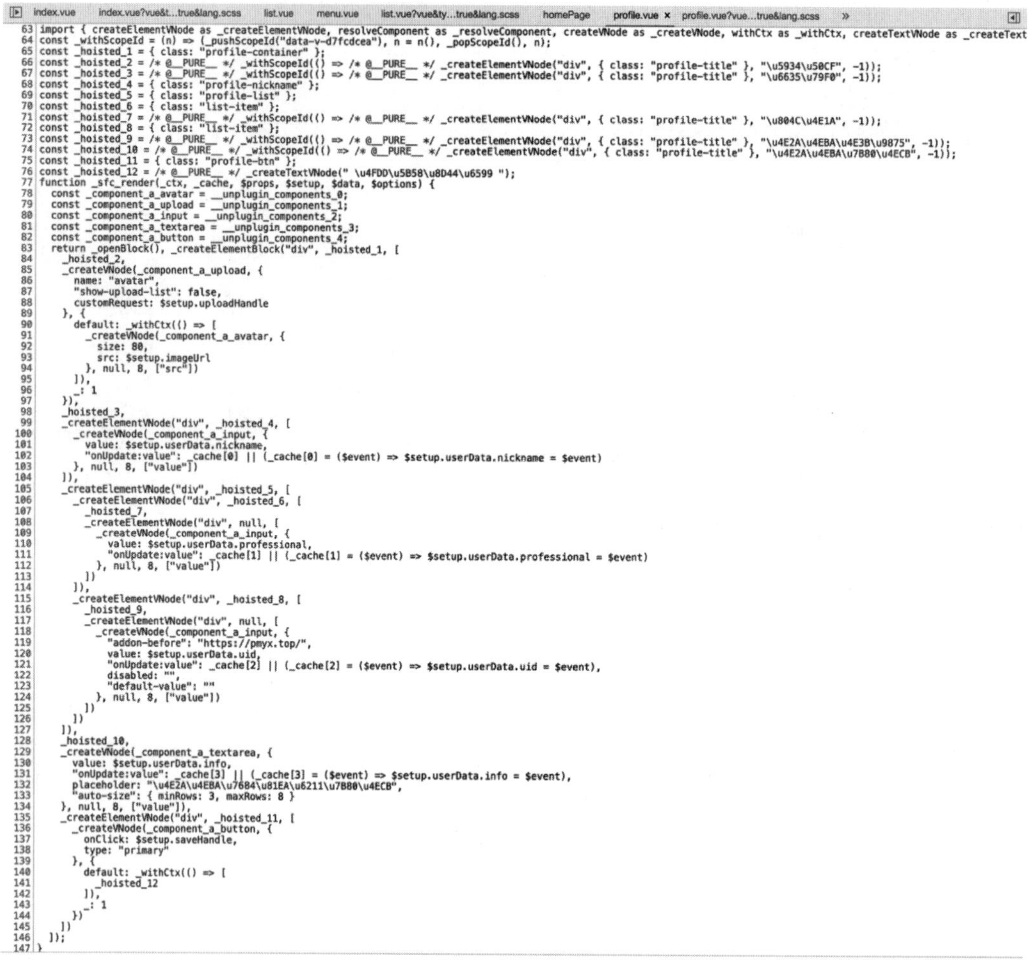

```
index.vue  index.vue?vue&t...true&lang.scss  list.vue  menu.vue  list.vue?vue&ty...true&lang.scss  homePage  profile.vue ×  profile.vue?vue...true&lang.scss  »
63  import { createElementVNode as _createElementVNode, resolveComponent as _resolveComponent, createVNode as _createVNode, withCtx as _withCtx, createTextVNode as _createText
64  const _withScopeId = (n) => (_pushScopeId("data-v-d7fcdcea"), n = n(), _popScopeId(), n);
65  const _hoisted_1 = { class: "profile-container" };
66  const _hoisted_2 = /* @__PURE__ */ _withScopeId(() => /* @__PURE__ */ _createElementVNode("div", { class: "profile-title" }, "\u5934\u50CF", -1));
67  const _hoisted_3 = /* @__PURE__ */ _withScopeId(() => /* @__PURE__ */ _createElementVNode("div", { class: "profile-title" }, "\u6635\u79F0", -1));
68  const _hoisted_4 = { class: "profile-nickname" };
69  const _hoisted_5 = { class: "profile-list" };
70  const _hoisted_6 = { class: "list-item" };
71  const _hoisted_7 = /* @__PURE__ */ _withScopeId(() => /* @__PURE__ */ _createElementVNode("div", { class: "profile-title" }, "\u804C\u4E1A", -1));
72  const _hoisted_8 = { class: "list-item" };
73  const _hoisted_9 = /* @__PURE__ */ _withScopeId(() => /* @__PURE__ */ _createElementVNode("div", { class: "profile-title" }, "\u4E2A\u4EBA\u4E3B\u9875", -1));
74  const _hoisted_10 = /* @__PURE__ */ _withScopeId(() => /* @__PURE__ */ _createElementVNode("div", { class: "profile-title" }, "\u4E2A\u4EBA\u7B80\u4ECB", -1));
75  const _hoisted_11 = { class: "profile-btn" };
76  const _hoisted_12 = /* @__PURE__ */ _createTextVNode(" \u4FDD\u5B58\u8D44\u6599 ");
77  function _sfc_render(_ctx, _cache, $props, $setup, $data, $options) {
78    const _component_a_avatar = __unplugin_components_0;
79    const _component_a_upload = __unplugin_components_1;
80    const _component_a_input = __unplugin_components_2;
81    const _component_a_textarea = __unplugin_components_3;
82    const _component_a_button = __unplugin_components_4;
83    return _openBlock(), _createElementBlock("div", _hoisted_1, [
84      _hoisted_2,
85      _createVNode(_component_a_upload, {
86        name: "avatar",
87        "show-upload-list": false,
88        customRequest: $setup.uploadHandle
89      }, {
90        default: _withCtx(() => [
91          _createVNode(_component_a_avatar, {
92            size: 80,
93            src: $setup.imageUrl
94          }, null, 8, ["src"])
95        ]),
96        _: 1
97      }),
98      _hoisted_3,
99      _createElementVNode("div", _hoisted_4, [
100       _createVNode(_component_a_input, {
101         value: $setup.userData.nickname,
102         "onUpdate:value": _cache[0] || (_cache[0] = ($event) => $setup.userData.nickname = $event)
103       }, null, 8, ["value"])
104     ]),
105     _createElementVNode("div", _hoisted_5, [
106       _createElementVNode("div", _hoisted_6, [
107         _hoisted_7,
108         _createElementVNode("div", null, [
109           _createVNode(_component_a_input, {
110             value: $setup.userData.professional,
111             "onUpdate:value": _cache[1] || (_cache[1] = ($event) => $setup.userData.professional = $event)
112           }, null, 8, ["value"])
113         ])
114       ]),
115       _createElementVNode("div", _hoisted_8, [
116         _hoisted_9,
117         _createElementVNode("div", null, [
118           _createVNode(_component_a_input, {
119             "addon-before": "https://pmyx.top/",
120             value: $setup.userData.uid,
121             "onUpdate:value": _cache[2] || (_cache[2] = ($event) => $setup.userData.uid = $event),
122             disabled: "",
123             "default-value": ""
124           }, null, 8, ["value"])
125         ])
126       ])
127     ]),
128     _hoisted_10,
129     _createVNode(_component_a_textarea, {
130       value: $setup.userData.info,
131       "onUpdate:value": _cache[3] || (_cache[3] = ($event) => $setup.userData.info = $event),
132       placeholder: "\u4E2A\u4EBA\u7684\u81EA\u6211\u7B80\u4ECB",
133       "auto-size": { minRows: 3, maxRows: 8 }
134     }, null, 8, ["value"]),
135     _createElementVNode("div", _hoisted_11, [
136       _createVNode(_component_a_button, {
137         onClick: $setup.saveHandle,
138         type: "primary"
139       }, {
140         default: _withCtx(() => [
141           _hoisted_12
142         ]),
143         _: 1
144       })
145     ])
146   ]);
147 }
```

图 10.9　render 函数

10.4　Vue3 功能实战

10.4.1　写作页面

写作页面涉及富文本编辑器的使用，本节简单介绍引入第三方库的实现逻辑。在写作页面实现过程中涉及两种状态：新建和编辑。若是新建状态则直接展示，若是编辑状态则在加载原始数据过程中显示 loading 效果。通过 if-else 判断，代码实现如下：

```
<template>
  <div :style = "{ padding: '5 % ' }" v - if = "isEditorShow">
    <a - skeleton active />
  </div>
  <div v - else>
    ...
  </div>
</template>
```

上述组件有多个 div 根节点，与 Vue2 中一个组件只能有一个根节点相比，减少无意义的标签渲染，是 Vue3 中的一个优化点。

页面实现过程中涉及 vuex 和 vue-router 的使用，通过 setup+TypeScript 的方式，让所有 JavaScript 逻辑均在 setup 内实现，是 Vue3.2 新加入的语法糖写法，代码实现如下：

```
<script lang="ts" setup>
import { ref, onBeforeUnmount } from 'vue';
import { useRoute } from 'vue-router'
import { useStore } from 'vuex'
…
</script>
```

Vue3 中处理 JavaScripts 逻辑时存在两种写法：setup 方式(Components API)和 Options API 方式，建议使用 setup 语法糖方式开发。setup 语法糖在使用过程中需要注意部分 API 的变化，常见的方法变化包括：expose 使用 defineExpose 代替，emit 使用 defineEmits 代替，使用 vuex 时需先引入 usestore，使用 vue-router 时需先引入 useRoute 等。

10.4.2 个人主页

个人主页为左右布局，左侧展示文章列表，右侧展示作家的详细信息。在编写案例的过程中，分为列表模块和个人信息模块。该部分实现逻辑在 $root/src/pages/article/index.vue 文件内，涉及代码如下：

```
<template>
  <div class="content">
    <div class="content-wrap">
      <router-view></router-view>
    </div>
    <div class="content-info">
      <book-info></book-info>
    </div>
  </div>
</template>
<script lang="ts" setup>
import BookInfo from 'components/infoTips/index.vue'
</script>
```

左侧通过 router-view 占位，通过路由控制展示内容，包括文章列表和详情页。右侧内容通过 infoTips 组件实现，内部引入头像和提示语组件，代码实现如下：

```
<template>
  <book-avatar></book-avatar>
  <book-info
    title="会员专属权益:">
     {{ vipContent || '暂无说明'}}
  </book-info>
  <book-info
    title="关于灯塔平台:"
    :isLink="true">
    灯塔为创作者提供点对点的内容传播平台.通过灯塔平台、邮件服务、小程序等多种渠道帮助作家
触达粉丝.让作家回归知识创作,专注内容的本质.
  </book-info>
</template>
<script lang="ts" setup>
import BookAvatar from 'components/avatar/index.vue'
import BookInfo from './info.vue'
import { useStore } from 'vuex'
import { ref, computed } from 'vue'
```

```
const vipContent = ref('')
const store = useStore()
const info = computed(() => store.state.user.info)
vipContent.value = info.value
</script>
```

分析个人主页的设计,分步完成组件的拆解和内容的渲染。在内容渲染过程中涉及props的传递等内容。

案例通过Vue3完成,源码内容并不复杂,如果对案例感兴趣,可以访问git地址获取,在本地运行查看。希望本书能帮助读者更好地理解Vue3的源码,了解Vue3的实现逻辑。在学习框架源码的基础上达到触类旁通的效果,提高代码编写质量。

参考文献

[1] 曾探. JavaScript 设计模式与开发实践[M]. 北京：人民邮电出版社，2015.

[2] 刘博文. 深入浅出 Vue. js[M]. 北京：人民邮电出版社，2019.

[3] 阮一峰. ES6 标准入门[M]. 2 版. 北京：电子工业出版社，2015.

[4] (美)泽卡斯(Zakas N. C.). JavaScript 高级程序设计[M]. 3 版. 李松峰，曹力译. 北京：人民邮电出版社，2012.

[5] 梁灏. Vue. js 实战[M]. 北京：清华大学出版社，2017.

[6] 申思维. Vue. js 快速入门[M]. 北京：清华大学出版社，2019.

[7] 梁睿坤. Vue2 实战揭秘[M]. 北京：电子工业出版社，2017.

[8] 储久良. Vue. js 前端框架技术与实战：微课视频版[M]. 北京：清华大学出版社，2022.

[9] Vue. js[J/OL]. https://cn. vuejs. org.

[10] cuixiaorui/mini-vue[J/OL]. https://github. com/cuixiaorui/mini-vue.

[11] xus-code/vue3-analysis[J/OL]. https://github. com/Kingbultsea/vue3-analysis.

[12] mdn web docs[J/OL]. https://developer. mozilla. org/zh-CN/docs/Web/JavaScript/Reference/Global_Objects.

[13] segmentfault[J/OL]. https://segmentfault. com/t/javascript/blogs.

[14] 百度百科[J/OL]. https://baike. baidu. com/item/%E9%AB%98%E9%98%B6%E5%87%BD%E6%95%B0/506389?fr=aladdin.

[15] 掘金[J/OL]. https://juejin. cn/post/6844903957807169549#heading-10.